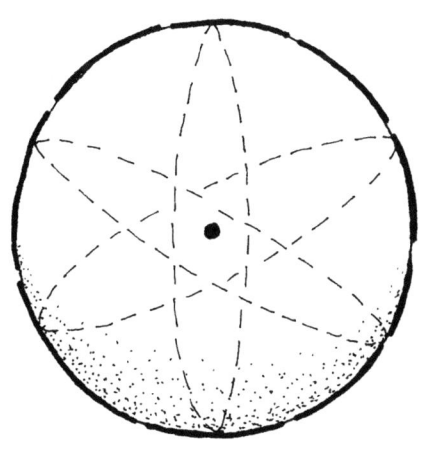

USEFUL FORMULAE: Mathematical & Physical
by Matthew Watkins
Copyright © 2000 by Matthew Watkins

Japanese translation published by arrangement with
Bloomsbury Publishing Inc. through The English Agency (Japan) Ltd.
All rights reserved.

本書の日本語版翻訳権は、株式会社創元社がこれを保有する。
本書の一部あるいは全部についていかなる形においても
出版社の許可なくこれを使用・転載することを禁止する。

公式の世界

数学と物理の重要公式150

マシュー・ワトキンス 著

マット・トゥイード 絵

駒田 曜 訳

エミール・ブーランジェに

本書を母と父、そして、本当に大事なことは公式では表せないと教えてくれたインゲに捧ぐ。

公式についてもっと知りたい方には、以下の本をお勧めする。
Marie-Louise von Franz, Time and Number
Michael S. Schneider, A Beginner's Guide to Constructing the Universe:
The Mathematical Archetypes of Nature, Art, and Science

もくじ

はじめに	*1*
三角形	*2*
平面図形	*4*
立体図形	*6*
座標幾何学	*8*
三角法	*10*
三角関数の公式	*12*
球面三角法	*14*
二次方程式の解の公式	*16*
指数と対数	*18*
平均と確率	*20*
順列組み合わせ	*22*
統計	*24*
ケプラーの法則とニュートンの法則	*26*
重力と投射物	*28*
エネルギー、仕事、運動量	*30*
回転と釣り合い	*32*
単振動	*34*
応力、ひずみ、熱	*36*
液体と気体	*38*
音	*40*
光	*42*
電気と電荷	*44*
電磁場	*46*
微積分学	*48*
複素数	*50*
高次元	*52*
巻末付録	*54*

はじめに

　この小さな本では、数学と物理の基本的な公式を親しみやすく役に立つ形で説明しようと試みた。耳慣れない用語や記号などは巻末の用語集で解説してある。

　現実をモデル化し、予測し、操作するために数字や記号を使うのは、ある意味で強力な魔術と言える。不幸なことに、そうした能力を持っていても、必ずしも叡智や先見の明には結びつかない。結果として、われわれは危険なテクノロジーの増殖や、ひたすら量を追い求める強迫観念に近い姿勢の蔓延を目にしている――ほとんどあらゆるものをグローバルエコノミーに従属させようとするのはその典型例である（本書には経済や金融関係の公式は入っていないが）。読者諸氏には、この本の内容を実際に使う場合、そのへんにも留意していただきたい。

　一方、数学的なツールのおかげで、一見すると関係なさそうな分野を統一的に捉えられるようになったのもたしかである。例えば、光と電気はかつては全然別のものとされていたが、今ではどちらも電磁場理論の中で理解されるようになっている。

　「諸刃の剣」を最もはっきりと体現しているのが、アインシュタインの $E=mc^2$ ―― おそらくはあらゆる公式の中で一番有名なあの公式である。$E=mc^2$ は、核兵器の創造を導く一方で、物質とエネルギーの統一という科学的発見をもたらした。

　読者のみなさんの内にある畏敬と歓喜の感覚が、枯れることのなからんことを！

　　　　　　　　　　　　　　　　　　　　　　　　2001年、旅の空にて

三角形
三角形の性質といろいろな中心

直角三角形ではピタゴラスの定理が成立する。すなわち、斜辺の平方は他の2辺の平方の和に等しい。(右頁上段左)

$$a^2 + b^2 = c^2 \quad \text{すなわち} \quad c = \sqrt{a^2 + b^2}$$

三角形の内角の和は180°、別のいい方をすると1πラジアンである。

三角形の周囲の長さは $P = a + b + c$.

三角形の面積は $S = \frac{1}{2} b h = \frac{1}{2} a b \sin C.$ (右頁上段右)

正弦定理: $\dfrac{a}{\sin A} = \dfrac{b}{\sin B} = \dfrac{c}{\sin C} = 2r$

(r は外接円の半径)

三角形の頂点と対辺の中点を結んだ線分を中線という。3本の中線は1点で交わる。この点を重心という。(右頁下段左)

$$m_a = \tfrac{1}{2}\sqrt{2(b^2+c^2)-a^2} \qquad m_b = \tfrac{1}{2}\sqrt{2(a^2+c^2)-b^2}$$

$$m_c = \tfrac{1}{2}\sqrt{2(a^2+b^2)-c^2}$$

三角形の高さとは、各頂点から対辺(またはその延長線上)に引いた垂線の長さをいう。(右頁下段右)

$$h_a = \frac{2S}{a} \qquad h_b = \frac{2S}{b} \qquad h_c = \frac{2S}{c}$$

3本の垂線は1点で交わる。この点を垂心という。

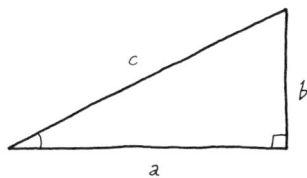

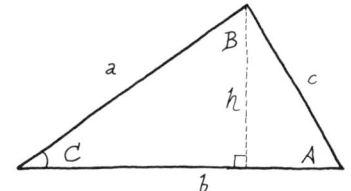

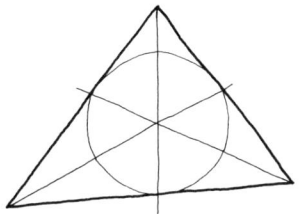

三角形の角の二等分線は1点で交わり、その点は内心(内接円の中心)である。

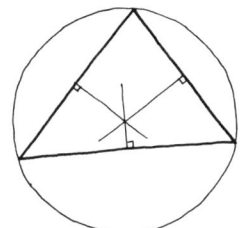

三角形の各辺の垂直二等分線は1点で交わり、その点は外心(外接円の中心)である。

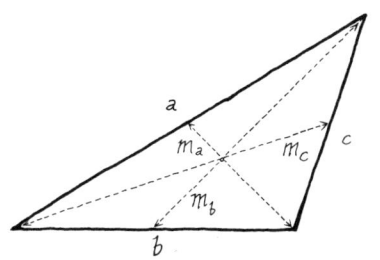

頂点と対辺の中心を結んだ中線は3本あり、重心で交わる。

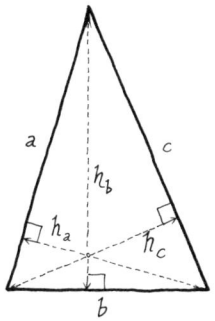

三角形の高さを示す垂線は垂心で交わる(垂心は三角形の内部にある場合も、外部にある場合もある)。

平面図形
面積と周囲の長さ

さまざまな平面図形の周囲の長さと面積の公式は、以下のようになる。

円： 半径 $= r$　　直径 $d = 2r$　　円周の長さ $= 2\pi r = \pi d$

面積 $= \pi r^2$　　（π は円周率 $= 3.1415926...$）

楕円： 面積 $= \pi ab$

a と b はそれぞれ短半径と長半径。

図の内部に小さな白丸で示した2つの点を焦点と呼ぶ。

$l + m$ は一定。

長方形： 面積 $= ab$

周の長さ $= 2a + 2b$

平行四辺形： 面積 $= ab \sin \alpha$

周の長さ $= 2a + 2b$

台形： 面積 $= \frac{1}{2} h (a + b)$

周の長さ $= a + b + h (\operatorname{cosec} \alpha + \operatorname{cosec} \beta)$

正n角形： 面積 $= \frac{1}{4} nb^2 \cot (180° / n)$

周の長さ $= nb$

各辺の長さと内角がすべて同じ多角形。

四角形(i)： 面積 $= \frac{1}{2} ab \sin \alpha$

四角形(ii)： 面積 $= \frac{1}{2} \{(h_1 + h_2) b + ah_1 + ch_2\}$

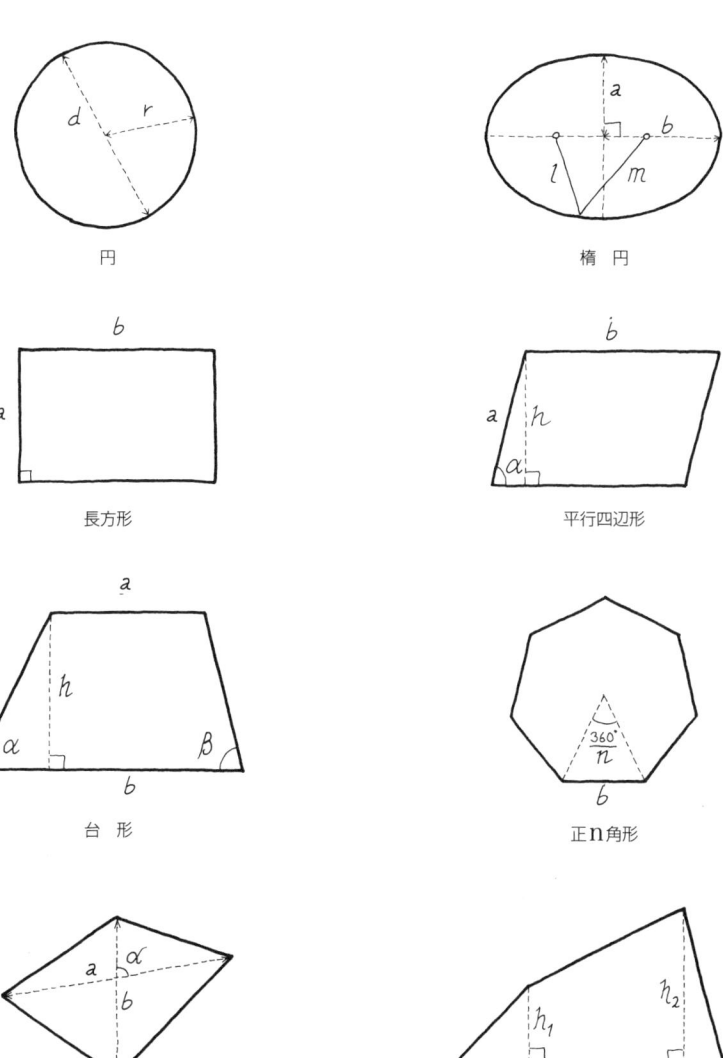

円

楕円

長方形

平行四辺形

台形

正n角形

四角形(i)

四角形(ii)

立体図形
体積と表面積

8種類の立体図形の体積と表面積（底面を含む）の公式は、以下のようになる。

球　　： 　体積 $= \frac{4}{3} \pi r^3$

　　　　　　表面積 $= 4 \pi r^2$

直方体： 　体積 $= abc$

　　　　　　表面積 $= 2(ab+bc+ca)$

円　柱： 　体積 $= \pi r^2 h$

　　　　　　表面積 $= 2\pi rh + 2\pi r^2$

円　錐： 　体積 $= \frac{1}{3} \pi r^2 h$

　　　　　　表面積 $= \pi r \sqrt{r^2+h^2} + \pi r^2$

角　錐： 　底面積をAとすると

　　　　　　体積 $= \frac{1}{3} Ah$

錐　台： 　体積 $= \frac{1}{3} \pi h (a^2+ab+b^2)$

　　　　　　表面積 $= \pi(a+b)c + \pi a^2 + \pi b^2$

楕円体： 　体積 $= \frac{4}{3} \pi abc$

トーラス体： 体積 $= \frac{1}{4} \pi^2 (a+b)(b-a)^2$

　　　　　　表面積 $= \pi^2 (b^2-a^2)$

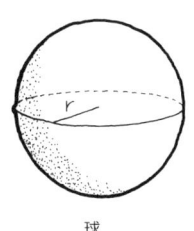

球

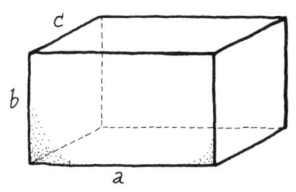

直方体

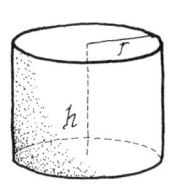

円柱

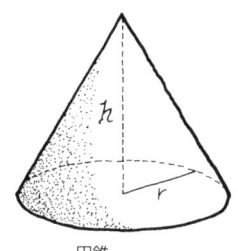

円錐

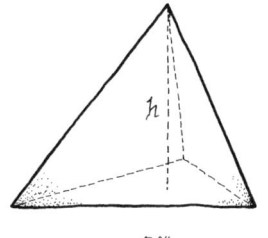

角錐

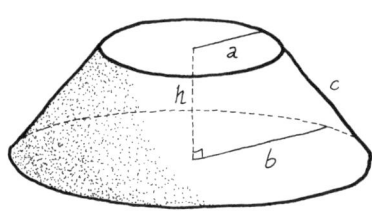

錐台

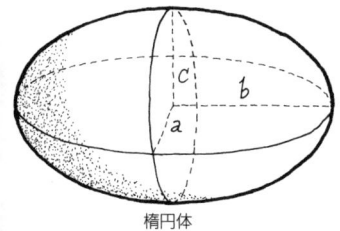

楕円体

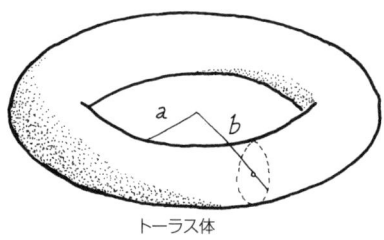

トーラス体

座標幾何学

座標軸、直線、傾き、交わる二直線

平面上に直交する2本の軸を引くと、その平面上にある点の位置を2つの実数によって定義できる(右頁)。2本の軸は原点 $(0, 0)$ で交わる。水平方向と垂直方向の位置は、それぞれ x と y で表されることが多い。

直線の方程式は $y = mx+c$ で表され、m は直線の傾きを表す。直線は $(0, c)$ で y 軸と交わり、x 軸とは $(-\frac{c}{m}, 0)$ で交わる。垂直な直線の場合は x が定数、つまり $x = k$ という式になる。

点 (x_0, y_0) を通り、傾きが n の直線の方程式は、$y = nx+(y_0 - nx_0)$ で表される。傾きが n の直線と直交する直線は、$-\frac{1}{n}$ の傾きを持つ。

2点 (x_1, y_1) と (x_2, y_2) を通る直線の方程式は、次のようになる。

$$y = \left(\frac{y_2 - y_1}{x_2 - x_1}\right)(x - x_2) + y_2 \quad \text{ただし} \quad x_1 \neq x_2$$

傾きが m と n である2本の直線が交わってできる角度 θ は、次の式を満たす。

$$\tan\theta = \frac{m - n}{1 + mn}$$

点 (a, b) を中心とする半径 r の円の方程式は、$(x-a)^2 + (y-b)^2 = r^2$ である。三次元空間座標では z 軸が加わり、多くの方程式は平面の時と似た形になる。例えば、半径が r で中心の座標が (a, b, c) の球の式は、$(x-a)^2 + (y-b)^2 + (z-c)^2 = r^2$ である。三次元における平面の一般方程式は、$ax + by + cz = d$ である。

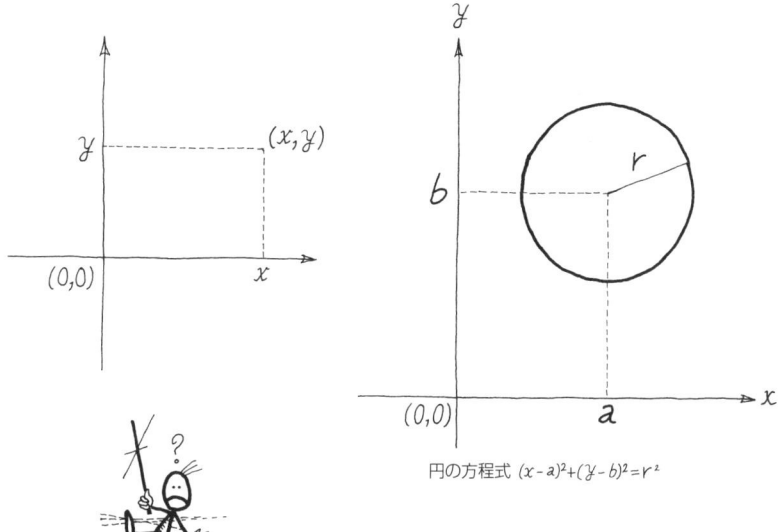

円の方程式 $(x-a)^2+(y-b)^2=r^2$

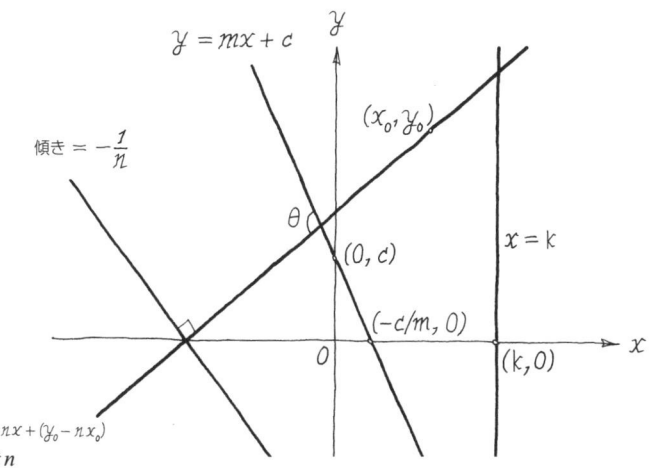

三角法

直角三角形における辺と角の関係

3辺の長さが a, b, c で鋭角の片方の角度が θ である直角三角形を考える（右頁左上）。この場合の6つの三角関数、つまり正弦（サイン sin）、余弦（コサイン cos）、正接（タンジェント tan）、余割（コセカント csc または cosec）、正割（セカント sec）、余接（コタンジェント cot）は次のようになる。

$$\sin\theta = \frac{b}{c} \qquad \cos\theta = \frac{a}{c} \qquad \tan\theta = \frac{b}{a}$$

$$\csc\theta = \frac{c}{b} \qquad \sec\theta = \frac{c}{a} \qquad \cot\theta = \frac{a}{b}$$

正弦と余弦は、半径が 1 である円の内部に下左の図のように作った直角三角形においては、それぞれ高さと底辺に等しい。右頁右上の図でいうと、

$$a = \cos\theta \quad \text{であり} \quad b = \sin\theta \quad \text{である。}$$

ピタゴラスの定理（2頁）から $a^2 + b^2 = c^2$ なので、角度 θ がどんな値でも、次の重要な恒等式が成り立つ。

$$\cos^2\theta + \sin^2\theta = 1$$

$\sin\theta$、$\cos\theta$、$\tan\theta$ は、円のどの象限にあるかに応じて、正の値と負の値のどちらになるかが決まる。

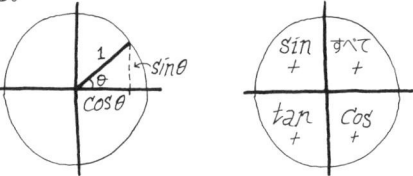

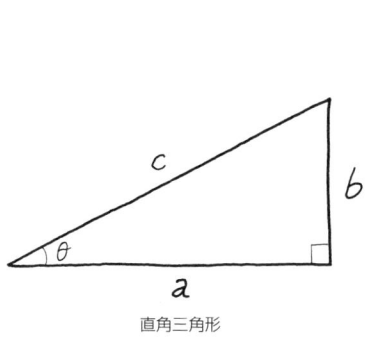

直角三角形

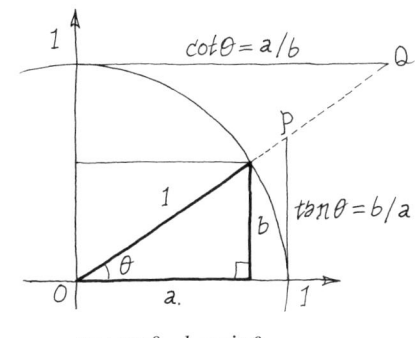

$a = \cos\theta \quad b = \sin\theta$

線分の長さとしての正接と余接
OPの長さは$\sec\theta$、OQの長さは$\csc\theta$

木の高さ h は、木までの距離 d と仰角 θ を使って次の式で求められる。

$h = d \tan \theta$

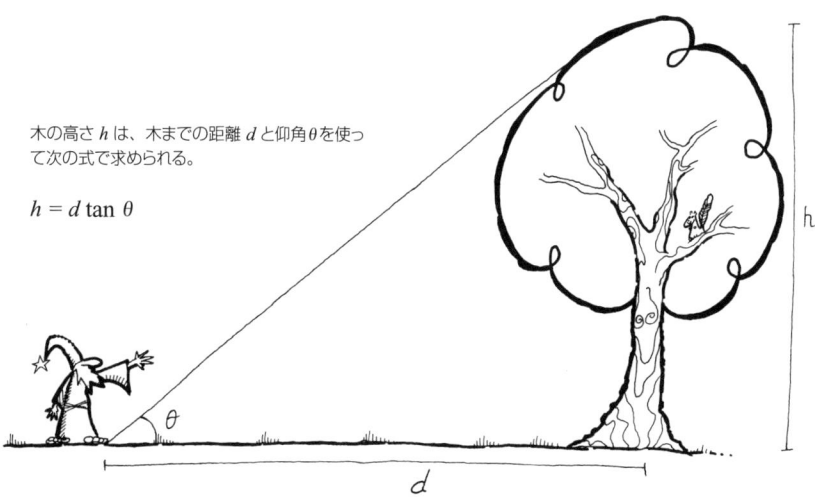

三角関数の公式
6つの関数の関係

10頁で述べた定義は、次のようにも書ける。

$$\tan\theta = \frac{\sin\theta}{\cos\theta} \quad \cot\theta = \frac{\cos\theta}{\sin\theta} \quad \sec\theta = \frac{1}{\cos\theta} \quad \csc\theta = \frac{1}{\sin\theta}$$

$\cos^2\theta + \sin^2\theta = 1$ を $\cos^2\theta$ と $\sin^2\theta$ で割ると、次の式が導かれる。

$$\sec^2\theta - \tan^2\theta = 1 \quad \text{および} \quad \csc^2\theta - \cot^2\theta = 1$$

6つの三角関数の角度を負の値にすると、次のようになる。

$$\sin(-\theta) = -\sin\theta \quad \cos(-\theta) = \cos\theta \quad \tan(-\theta) = -\tan\theta$$
$$\csc(-\theta) = -\csc\theta \quad \sec(-\theta) = \sec\theta \quad \cot(-\theta) = -\cot\theta$$

2つの角の加算には、加法定理が適用できる。

$$\sin(\alpha + \beta) = \sin\alpha\cos\beta + \cos\alpha\sin\beta$$
$$\cos(\alpha + \beta) = \cos\alpha\cos\beta - \sin\alpha\sin\beta$$
$$\tan(\alpha + \beta) = \frac{\tan\alpha + \tan\beta}{1 - \tan\alpha\tan\beta}$$

角が2倍、3倍であれば、2倍角の公式と3倍角の公式を使う。

$$\sin 2\alpha = 2\sin\alpha\cos\alpha \qquad \sin 3\alpha = 3\sin\alpha\cos^2\alpha - \sin^3\alpha$$
$$\cos 2\alpha = \cos^2\alpha - \sin^2\alpha \qquad \cos 3\alpha = \cos^3\alpha - 3\sin^2\alpha\cos\alpha$$
$$\tan 2\alpha = \frac{2\tan\alpha}{1 - \tan^2\alpha} \qquad \tan 3\alpha = \frac{3\tan\alpha - \tan^3\alpha}{1 - 3\tan^2\alpha}$$

右頁のグラフは、ラジアンの値でプロットしたものである（πラジアン＝180°）。その下の表は、手っとり早く近似値を知るためのもの。

ラジアン	角度	sin	cos	tan	csc	sec	cot
0	0°	0	1	0	∞	1	∞
	2.5°	0.04362	0.9990	0.04366	22.926	1.00095	22.904
	5°	0.08716	0.9962	0.08749	11.474	1.00382	11.430
	7.5°	0.1305	0.9914	0.1317	7.6613	1.00863	7.5958
	10°	0.1736	0.9848	0.1763	5.7588	1.0154	5.6713
	12.5°	0.2164	0.9763	0.2217	4.6202	1.0243	4.5107
	15°	0.2588	0.9659	0.2679	3.8637	1.0353	3.7321
	17.5°	0.3007	0.9537	0.3153	3.3255	1.0485	3.1716
	20°	0.3420	0.9397	0.3640	2.9238	1.0642	2.7475
$\pi/8$	22.5°	0.3827	0.9239	0.4142	2.6131	1.0824	2.4142
	25°	0.4226	0.9063	0.4663	2.3662	1.1034	2.1445
	27.5°	0.4617	0.8870	0.5206	2.1657	1.1274	1.9210
	30°	0.5	0.8660	0.5774	2	1.1547	1.7321
	32.5°	0.5373	0.8434	0.6371	1.8612	1.1857	1.5697
	35°	0.5736	0.8192	0.7002	1.7434	1.2208	1.4281
	37.5°	0.6088	0.7934	0.7673	1.6427	1.2605	1.3032
	40°	0.6428	0.7660	0.8391	1.5557	1.3054	1.1918
	42.5°	0.6756	0.7373	0.9163	1.4802	1.3563	1.0913
$\pi/4$	45°	0.7071	0.7071	1	1.4142	1.4142	1
	47.5°	0.7373	0.6756	1.0913	1.3563	1.4802	0.9163
	50°	0.7660	0.6428	1.1918	1.3054	1.5557	0.8391
	52.5°	0.7934	0.6088	1.3032	1.2605	1.6427	0.7673
	55°	0.8192	0.5736	1.4281	1.2208	1.7434	0.7002
	57.5°	0.8434	0.5373	1.5697	1.1857	1.8612	0.6371
	60°	0.8660	0.5	1.7321	1.1547	2	0.5774
	62.5°	0.8870	0.4617	1.9210	1.1274	2.1657	0.5206
	65°	0.9063	0.4226	2.1445	1.1034	2.3662	0.4663
$3\pi/8$	67.5°	0.9239	0.3827	2.4142	1.0824	2.6131	0.4142
	70°	0.9397	0.3420	2.7475	1.0642	2.9238	0.3640
	72.5°	0.9537	0.3007	3.1716	1.0485	3.3255	0.3153
	75°	0.9659	0.2588	3.7321	1.0353	3.8637	0.2679
	77.5°	0.9763	0.2164	4.5107	1.0243	4.6202	0.2217
	80°	0.9848	0.1736	5.6713	1.0154	5.7588	0.1763
	82.5°	0.9914	0.1305	7.5958	1.00863	7.6613	0.1317
	85°	0.9962	0.08716	11.430	1.00382	11.474	0.08749
	87.5°	0.9990	0.04362	22.904	1.00095	22.926	0.04366
$\pi/2$	90°	1	0	∞	1	∞	0

球面三角法
天と地の公式

球面三角形では、内角の和は180°から540°までの間の値をとりうる。球面三角形の辺は、3つの大円(球の中心を通る円)の弧である。球上に任意の2点をとれば、その2点を通る大円ができる。球上に任意の3点を取れば、大円よりも小さな円(小円)を描くことができる。球上のどんな円でも(大円も小円も)、2つの極を定義できる。

球面三角形の辺の大きさは、長さではなくその弧の中心角で表す。右頁下の図を使って6つの要素の関係を示すと、次のようになる。

正弦定理: $\dfrac{\sin a}{\sin A} = \dfrac{\sin b}{\sin B} = \dfrac{\sin c}{\sin C}$

余弦定理: $\cos a = \cos b \cos c + \sin b \sin c \cos A$
$\cos A = -\cos B \cos C + \sin B \sin C \cos a$

正接定理: $\dfrac{\tan \frac{1}{2}(A+B)}{\tan \frac{1}{2}(A-B)} = \dfrac{\tan \frac{1}{2}(a+b)}{\tan \frac{1}{2}(a-b)}$

面三角法は、航海術に使われる。例えば、経度と緯度を利用して Q 地点から R 地点へ航海する場合は次のようになる。

$a = 90°-R$ の緯度 　　$b = 90°-Q$ の緯度 　　$C = Q$ の経度 $-R$ の経度

C は極角と呼ばれる。出発時のコースと到着時のコースが A と B であり、C は航路の長さである。以下の方程式を使うと B, A, c が求められる。

$$\tan \tfrac{1}{2}(B+A) = \cos \tfrac{1}{2}(b-a) \sec \tfrac{1}{2}(b+a) \cot \tfrac{1}{2} C$$
$$\tan \tfrac{1}{2}(B-A) = \sin \tfrac{1}{2}(b-a) \csc \tfrac{1}{2}(b+a) \cot \tfrac{1}{2} C$$
$$\tan \tfrac{1}{2} c = \tan \tfrac{1}{2}(b-a) \sin \tfrac{1}{2}(B+A) \csc \tfrac{1}{2}(B-A)$$

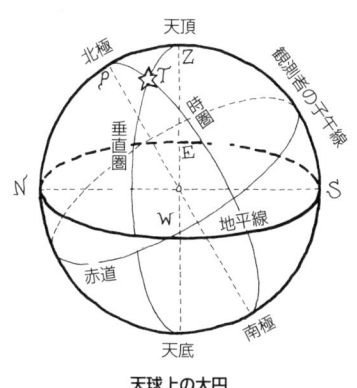

天球上の大円

一部の天体の天文三角形 PZT

辺 TZ = T の天頂距離 = 90°−T の高度

辺 TP = T の極距離 = 90°−T の赤緯

辺 ZP = 90°− OR + 観測者の緯度（北半球、南半球）

角 PZT = T の方位角
　　　　（T が観測者の子午線〈OM〉より東にある場合）
　　　　または 360°−T の方位角（T が OM より西にある場合）

角 ZPT = T の時角（T が OM より西にある場合、単位:時間）
　　　　または 360°−T の時角（T が OM より東にある場合）

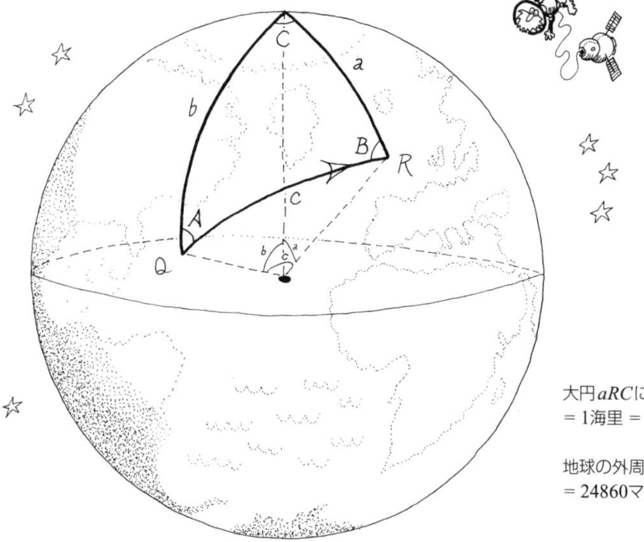

大円 aRC における1分 ($\frac{1}{60}$度)
= 1海里 = 6080フィート

地球の外周（極を含む円）
= 24860マイル = 40008 km

二次方程式の解の公式
判別式と放物線

二次方程式は $ax^2 + bx + c = 0$ ($a \neq 0$)という形をしている。この方程式の解（根ともいう）は、次に示す解の公式によって求められる。

$$\frac{-b \pm \sqrt{b^2 - 4ac}}{2a}$$

$b^2 - 4ac$ の部分は判別式と呼ばれ、その値によって解の性質と個数がわかる。3つの場合がありうる。

$b^2 - 4ac > 0$　2個の異なる実数解
$b^2 - 4ac = 0$　1個の実数解
$b^2 - 4ac < 0$　2個の異なる複素数解または虚数解

（複素数と虚数については50頁）

例（右頁のグラフを参照）：
1） $2x^2 - x - 1 = 0$ の判別式は 9 になるので、実数解が2つ得られる。（ $x = 1, -\frac{1}{2}$ ）
2） $x^2 - 2x + 1 = 0$ の判別式は 0 であるため、実数解が1つ。（ $x = 1$ ）
3） $4x^2 + 8x + 5 = 0$ は実数の解がない二次方程式である。

　　これを解くと、$x = -1 + \frac{i}{2}$ と $x = -1 - \frac{i}{2}$ が得られる（50頁参照）。

　二次方程式 $ax^2 + bx + c = 0$ が実数解を持つとき、その解は $y = ax^2 + bx + c$ のグラフが x 軸と交わる、または接する点の（すなわち、$y = 0$ のときの）x 座標である。

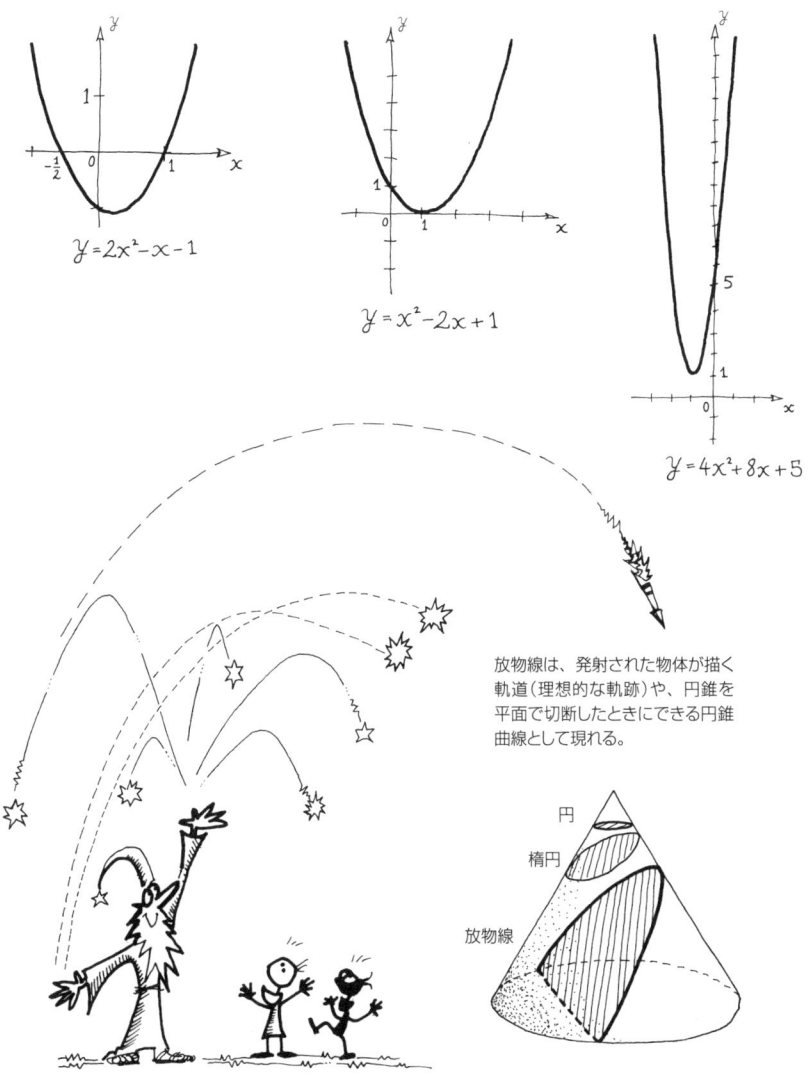

$y = 2x^2 - x - 1$

$y = x^2 - 2x + 1$

$y = 4x^2 + 8x + 5$

放物線は、発射された物体が描く軌道（理想的な軌跡）や、円錐を平面で切断したときにできる円錐曲線として現れる。

円
楕円
放物線

指数と対数
成長と衰退

任意の値 a が与えられたとき、a の平方と a の立方はそれぞれ、$a^2 = a \times a$、$a^3 = a \times a \times a$ で求められる。この a^n という言い方における n が指数である。以下に、基本的な指数の公式をあげる。

$$a^0 = 1 \ (0^0 = 0) \qquad a^p a^q = a^{p+q} \qquad (ab)^p = a^p b^p$$

$$a^{1/n} = \sqrt[n]{a} \qquad (a^p)^q = a^{pq} \qquad a^{m/n} = \sqrt[n]{a^m}$$

$$a^{-p} = \frac{1}{a^p} \qquad \sqrt[n]{\frac{a}{b}} = \frac{\sqrt[n]{a}}{\sqrt[n]{b}} \qquad \frac{a^p}{a^q} = a^{p-q}$$

a を底とする x の対数 $\log_a x = y$ は $a^y = x$ を満たす実数である。$a^0 = 1$、$a^1 = a$ であるため、つねに $\log_a 1 = 0$ と $\log_a a = 1$ が成り立つ。下に記したのが、基本的な対数の公式である。

$$\log_a xy = \log_a x + \log_a y \qquad \log_a \frac{x}{y} = \log_a x - \log_a y$$

$$\log_a x^k = k \log_a x \qquad \log_a \frac{1}{x} = -\log_a x$$

$$\log_a \sqrt[n]{x} = \frac{1}{n} \log_a x \qquad \log_k a = \log_m a \log_k m$$

1 以外のどんな正の数でも底にできるが、最もよく用いられるのは 10 とネイピア数 e ($= 2.718\ldots$) である。e を底とする自然対数は自然界の事象に広く現れ、成長と衰退のプロセスでよく見られる。$\log_e$ は普通、e を省略して単に $\log$、または $\ln$ と書かれる。対数を使うと、指数の加算・減算で二数の乗法と除法が行える。

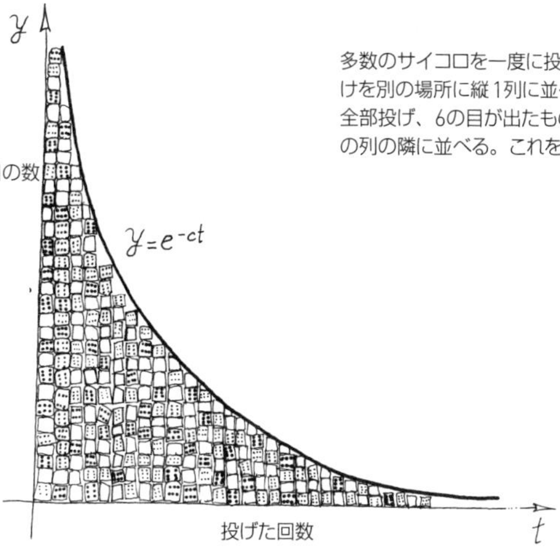

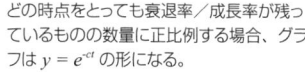

多数のサイコロを一度に投げ、6の目が出たサイコロだけを別の場所に縦1列に並べる。残りのサイコロをまた全部投げ、6の目が出たものだけを取り出してさきほどの列の隣に並べる。これを繰り返す。

$y = e^{-ct}$

どの時点をとっても衰退率／成長率が残っているものの数量に正比例する場合、グラフは $y = e^{-ct}$ の形になる。

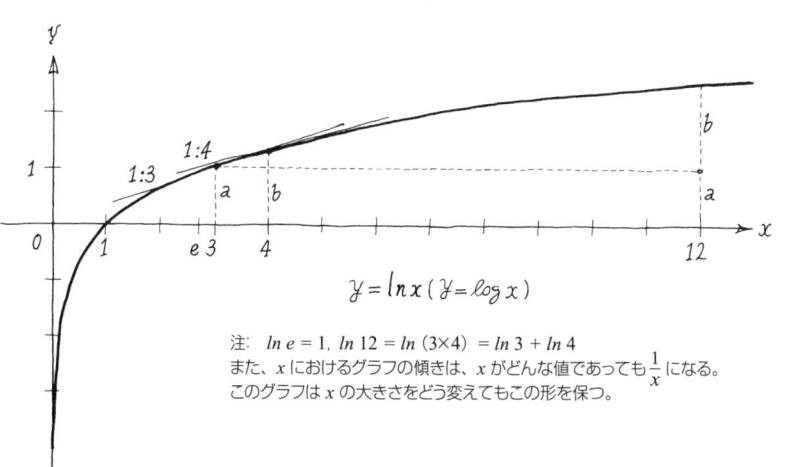

$y = \ln x \ (y = \log x)$

注：$\ln e = 1$, $\ln 12 = \ln (3 \times 4) = \ln 3 + \ln 4$
また、x におけるグラフの傾きは、x がどんな値であっても $\frac{1}{x}$ になる。
このグラフは x の大きさをどう変えてもこの形を保つ。

平均と確率
安全な比率と危険な結果

aとbの2数が与えられたとき、3つの重要な平均は次の式で与えられる(これらは昔から幾何学や音楽で使われていた)。

算術平均 $\frac{1}{2}(a+b)$ 幾何平均 $\sqrt{ab}$

調和平均 $\frac{2ab}{a+b}$

ある状況下で、n通りの結果がどれも同様の確からしさで起こり、そのn通りのうちk通りが望ましい結果だとする。この場合、望む結果が起きる確率pは次のようになる。

$$p = \frac{望みの結果の数}{起こりうる結果の総数} = \frac{k}{n}$$

pはつねに0と1の間の数値になる。互いに独立して起こる事象EとFとを仮定し、それぞれが起きる確率を$P(E)$と$P(F)$とする。

EとFがともに起きる確率は、$P(EF) = P(E) \times P(F)$である。

EまたはFが起きる確率は、$P(E+F) = P(E) + P(F) - P(EF)$になる。

Eが起こるか起こらないかによってFの起こる確率が変わるとき、FはEに従属であるという。この場合、Eが起こった後でFが起こる確率を条件つき確率 $P(F/E)$という。$P(EF) = P(E) \times P(F/E)$である。例えば、白玉3個と黒玉2個が入った袋から玉を1個取り出す(戻さない)動作を2回行って、1回目と2回目に黒玉が出る事象をそれぞれGとHとすると、$P(GH) = \frac{2}{5} \times \frac{1}{4} = \frac{1}{10}$となる(分数計算については58頁参照)。

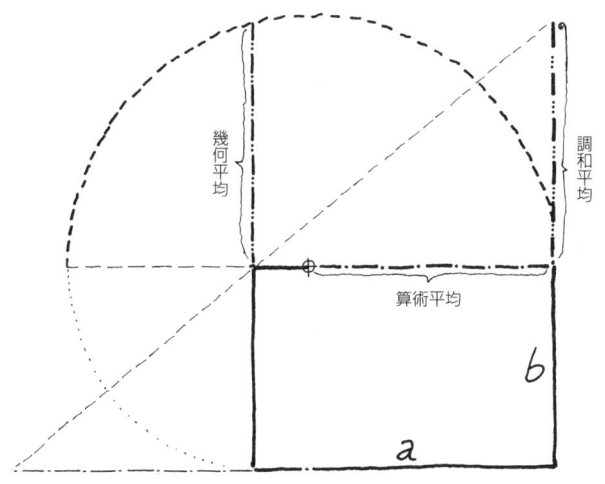

$P(E) =$ 向かって左の袋から黒玉を取り出す確率 $= \dfrac{2}{5}$

$P(F) =$ 向かって右の袋から黒玉を取り出す確率 $= \dfrac{4}{6} = \dfrac{2}{3}$

$P(EF) =$ 両方から黒玉を取り出す確率 $= \dfrac{2}{5} \times \dfrac{2}{3} = \dfrac{4}{15}$

$P(E+F) =$ 取り出した2個のうち少なくとも1個が黒玉である確率 $= \dfrac{2}{5} + \dfrac{2}{3} - \dfrac{4}{15} = \dfrac{4}{5}$

順列組み合わせ
グループの作り方

　n 個のものがあって、そのうち r 個を選んでひとつのグループにしようと思う場合、組み合わせと順列という2通りの分け方がある。組み合わせはグループ内の順序を問題にしない。順列は、順序を問題にする。ここで登場するのが階乗である。m の階乗は $m!$ と書かれ（$m \geq 1$）、次のように定義される。

$$m! = m(m-1)(m-2) \cdots 2 \cdot 1 \quad (例: 6! = 6 \times 5 \times 4 \times 3 \times 2 \times 1 = 720)$$

0 は特別で、$0! = 1$ と約束する。

　n 個から r 個を選ぶ組み合わせの数は、次のように表される。

$$_nC_r = \frac{n!}{(n-r)!\,r!} \quad nCr は \binom{n}{r} とも書く。$$

n 個から r 個を選ぶ順列の場合はもっと数が多くなり、次のようになる。

$$_nP_r = \frac{n!}{(n-r)!} = r!\binom{n}{r}$$

　P と Q という2通りの結果のどちらか一方が起こる可能性があり、それぞれの確率が p と q である場合、$p+q=1$ となり、従って $(p+q)^n = 1$ である。$(p+q)^n$ を2項展開した項である $\binom{n}{r}p^{n-r}q^r$ は、合計 n 回のうち P が $n-r$ 回起こり Q が r 回起こる確率になる。一般的な2項展開の公式は次の通りである。

$$(x+y)^n = x^n + \binom{n}{1}x^{n-1}y + \cdots + \binom{n}{r}x^{n-r}y^r + \cdots + \binom{n}{n-1}xy^{n-1} + \binom{n}{n}y^n$$

ここでパスカルの三角形の法則が現れる。例えば次のようになる。

$$(x+y)^4 = x^4 + 4x^3y + 6x^2y^2 + 4xy^3 + y^4$$

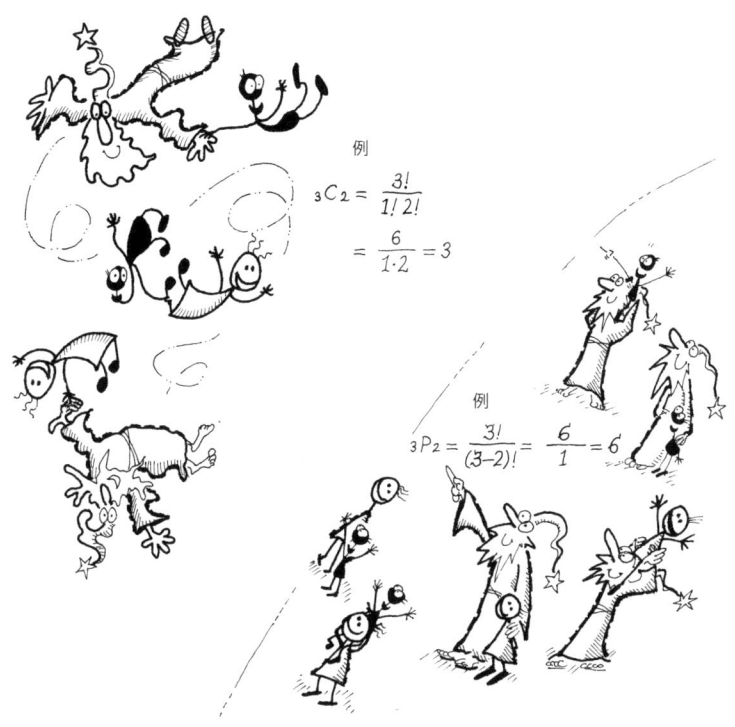

例
$$_3C_2 = \frac{3!}{1!\,2!}$$
$$= \frac{6}{1\cdot 2} = 3$$

例
$$_3P_2 = \frac{3!}{(3-2)!} = \frac{6}{1} = 6$$

```
            1
          1   1
        1   2   1
      1   3   3   1
    1   4   6   4   1
  1   5  10  10   5   1
1   6  15  20  15   6   1
```

パスカルの三角形：すぐ上の2つの数字を足した数を足して書いていく。$(n+1)$列目は$(x+y)^n$を展開した式の各項の係数になっている。

統計

分布と偏差

統計的分析は、観察されたデータのサンプルを処理して動向を知ったり先の展開を予想したりすることを可能にする。測定可能なある現象の数値の集合が x_1、x_2、…、x_n であるとき、平均値は $\bar{x} = \frac{1}{n}(x_1 + \cdots + x_n)$ で求められる。サンプルの標準偏差 σ は、この平均値からデータがどの程度のばらつきで分布しているかを示す。

$$\sigma = \sqrt{\frac{x_1^2 + \cdots + x_n^2}{n} - \bar{x}^2} = \sqrt{\frac{(x_1^2 - \bar{x}^2) + \cdots + (x_n^2 - \bar{x}^2)}{n}}$$

統計分布で最もよく現れるのは、正規分布(ガウス分布ともいう)である。全体のグラフの形は $\bar{x}$ を中心とした釣り鐘状の曲線になり、横幅は σ によって変わる。

$$f(x) = \frac{1}{\sigma\sqrt{2\pi}} e^{-\frac{(x-\bar{x})^2}{2\sigma^2}}$$

正規分布のデータでは、a から b までの範囲内の数値が現れる確率は、a から b までのグラフの下の面積に等しい(右頁上のグラフを参照)。グラフの下の総面積(すべての可能性の和)は 1 になる。

ポアソン分布の場合は、所定の時間内に特定の事象が起こる平均回数が μ であれば、所定時間内に n 回それが起こる確率は次の式で求められる。

$$p(n) = \frac{\mu^n e^{-\mu}}{n!} \qquad \text{ただし、} e = 2.718\ldots\text{(18頁参照)}$$

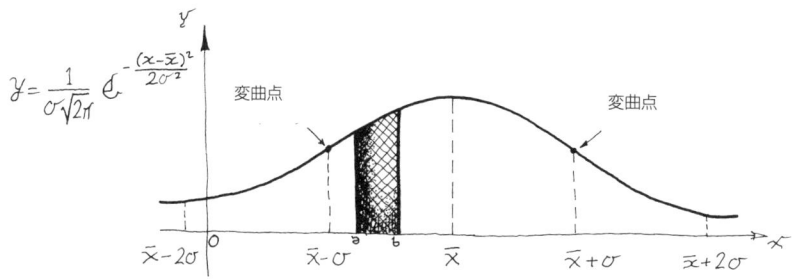

標準偏差 σ は、サンプルの
ばらつきを示すことができる
有用な単位である。変曲点の
位置に注目。

サンプルの68.26%が$\bar{x}$から $\pm \sigma$ の幅の内にある。
サンプルの95.44%が$\bar{x}$から $\pm 2\sigma$ の幅の内にある。
サンプルの99.73%が$\bar{x}$から $\pm 3\sigma$ の幅の内にある。

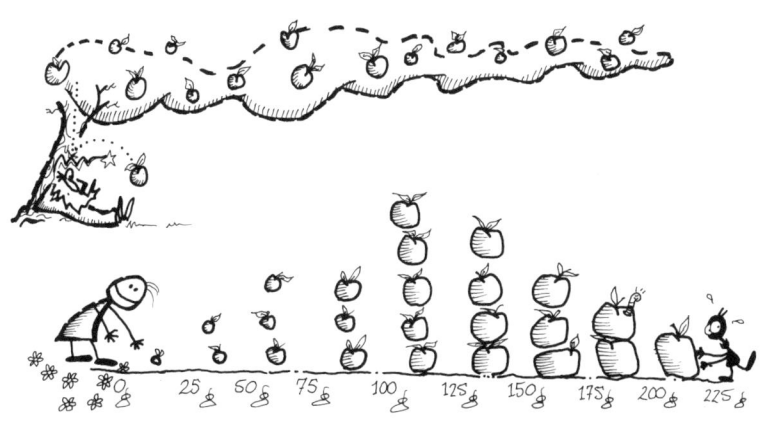

無作為に選んだリンゴの実をサイズ別に分けて縦に並べると、度数分布グラフが
できる。サンプルの数を十分に多くすると、このようなグラフは次第に連続曲線
—— 正規分布(ガウス分布) —— に近づいていく。

ケプラーの法則とニュートンの法則
運動する物体

　ヨハネス・ケプラーは惑星の動きを説明する3つの法則を発見した。これらの法則は、宇宙で軌道を回るあらゆる天体について正しい。

1. 惑星は、太陽をひとつの焦点とする楕円軌道上を動く。
2. 惑星と太陽とを結ぶ線分が単位時間に描く面積は一定である。
3. 太陽系のどの惑星でも、惑星の公転周期の2乗を軌道の
   長半径の3乗で割ると、つねに定数となる(長半径は4頁参照)。

　ケプラーのこの発見を用いて、アイザック・ニュートンは万有引力の法則(28頁)を導き出し、さらに運動の法則として次の3つを確立させた。

1. 外から力が作用しない限り、物体はその運動状態あるいは
   静止状態を維持する。
2. ある質量に力が作用することによって生じる加速度は、
   作用した力に比例する。
3. A から B に働く力には、つねに B から A への等しい大きさの
   力が伴う。ふたつの力は一直線上で働き、方向は逆である。

　後にアインシュタインが、物体の速度が光速に近づくとニュートンの法則にかなりの修正が必要になることを発見する。

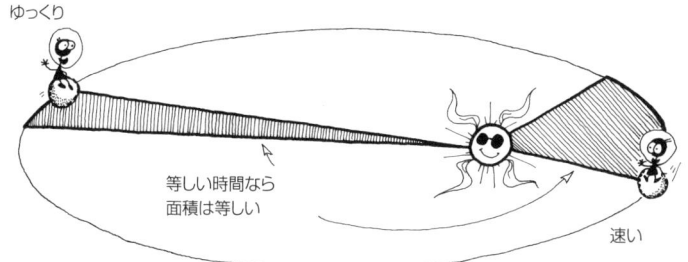

ケプラーの面積速度一定の法則

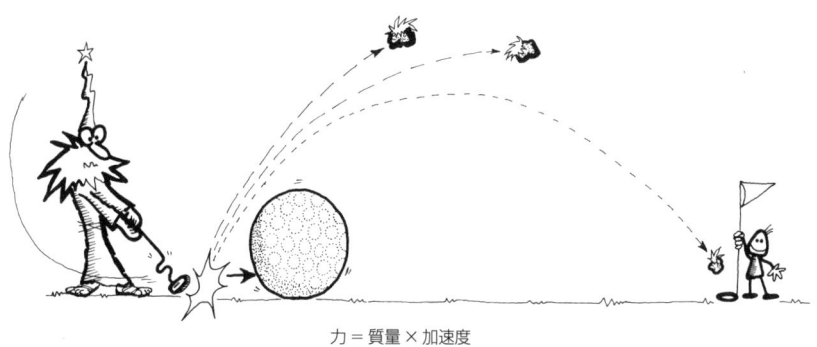

力 = 質量 × 加速度

地面に向かって落ちている物体は、地球の引力と等しい大きさで方向が逆の力を、地球に及ぼしている。しかし地球の質量があまりにも大きいため、地球には検出できるだけの加速が生じない。

重力と投射物

羽のない落下物

ニュートンの万有引力の法則は、互いに距離 d だけ離れた2つの質量 m_1 と m_2 は、互いに大きさが等しく向きが逆の力を及ぼすとする。この力の大きさ F は次のようになる。

$$F = \frac{Gm_1 m_2}{d^2}$$

上の式の G は万有引力定数(56頁参照)である。d は m_1(の質量中心)と m_2 の質量中心のあいだの距離である。

地球(質量 m_2)の表面付近では d は実質的に定数であり、その場所の重力加速度定数 g として与えられる(重力加速度は場所によって異なる)。

$$g = \frac{Gm_2}{d^2} = 9.80665 \text{ m/sec}^2 \qquad \text{すなわち} \qquad F = m_1 g$$

空気抵抗が無視できるほど小さいとして、静止状態から落下する物体が t 秒間に s メートル落ちるとすると、s と t の関係は次のようになる。

$$s = \tfrac{1}{2}gt^2 \qquad \text{または} \qquad t = \sqrt{\frac{2s}{g}}$$

t 秒後の物体の速度 v は、$v = gt = \sqrt{2gs}$ m/sec である。この速度は質量と関係ないことに注意。

初速 v、発射角度 θ で投射された物体の軌跡は、次の式で求められる。

$$x(t) = vt\cos\theta \qquad \text{および} \qquad y(t) = vt\sin\theta - \tfrac{1}{2}gt^2$$

これらは時間に依存する座標である。

空気抵抗

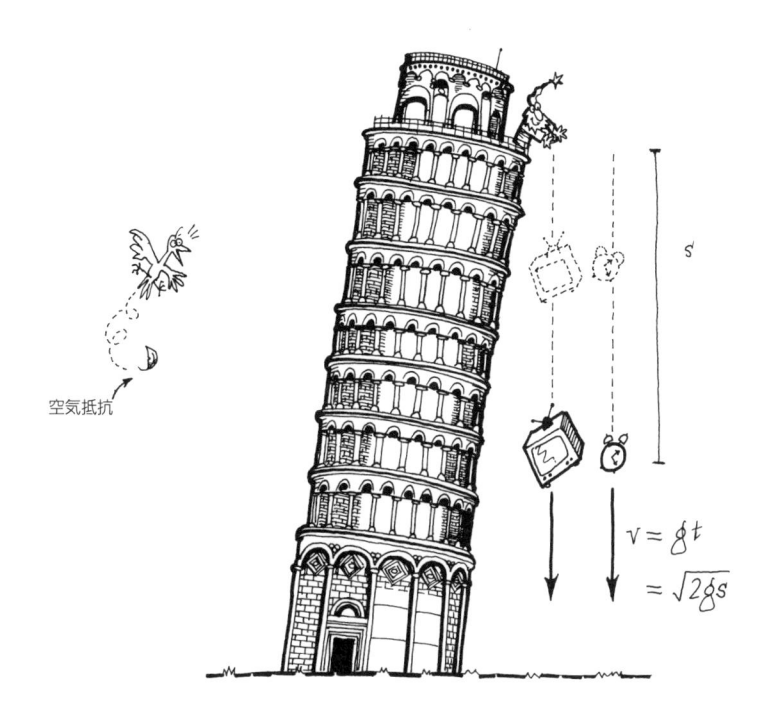

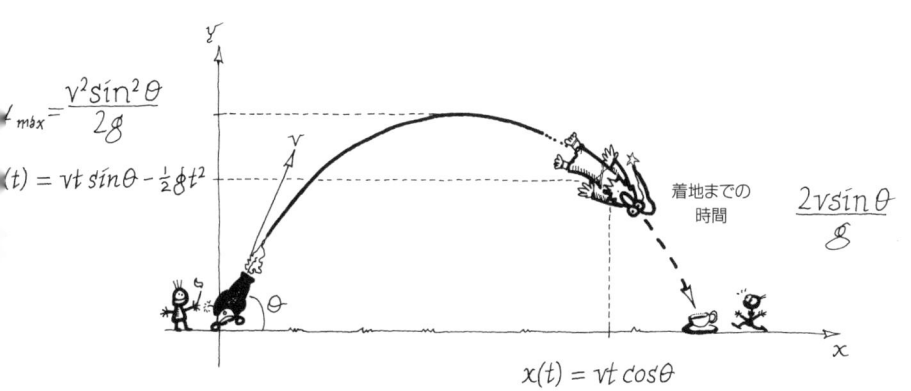

$v = gt$
$ = \sqrt{2gs}$

s

$y_{max} = \dfrac{v^2 \sin^2\theta}{2g}$

$y(t) = vt\sin\theta - \dfrac{1}{2}gt^2$

着地までの時間 $\dfrac{2v\sin\theta}{g}$

$x(t) = vt\cos\theta$

エネルギー、仕事、運動量
運動における保存量

　速度 v で直線運動をしている質量 m の物体は、運動エネルギー $E_k = \frac{1}{2}mv^2$ を持つ。これは運動によって物体が持つエネルギーである。外力が加わって速度が u に変化したとき、なされた仕事の総量 W は運動エネルギーの変化 $W = \frac{1}{2}mv^2 - \frac{1}{2}mu^2$ で表せる。

　一般に、仕事は2つの物体間でのエネルギーの交換として測られる。誰かが質量 m の物体をもとの位置から高さ h だけ持ち上げたとき、その人は仕事をしているのであり、重力のポテンシャルエネルギー(位置エネルギー) E_p が物体に移動する(今や、物体は落ちることができるようになった)。$E_p = mgh$ である(mg は物体の重量で、これもひとつの力である)。

　その物体が落ちると、高さを失う代わりに速度を得るので、E_p が減少して E_k が増加する。摩擦を考えなければ、物体の持つエネルギーの総和 $E = E_k + E_p$ は着地するまで一定である。着地すると、残っていた運動エネルギーは熱や音となって失われる。

　ある物体の線形運動量は $p = mv$ で与えられる。質点 m が軸を中心に距離 r を保って回転しているとき、角運動量 L は $(mv)\,r = (m\omega r)\,r = mr^2\omega$ である(ω は物体の角速度で、単位はラジアン/秒)。慣性モーメントは $I = mr^2$ の式で表される。従って、ある系の回転運動エネルギーは $E_{kr} = \frac{1}{2}I\omega^2$ となる。一般的な回転固体は、同じ軸を中心としてしかるべき回転半径で回転する質点として扱うことができる。これについては右頁で説明してあり、微積分(48頁)を用いると導き出せる。この系に外力が働かなければ、全運動量はつねに保存される。

運動エネルギーは保存されるので、

$$\tfrac{1}{2}MV^2 = \tfrac{1}{2}Mp^2 + \tfrac{1}{2}mq^2$$ である。

また、線形運動量も保存される。

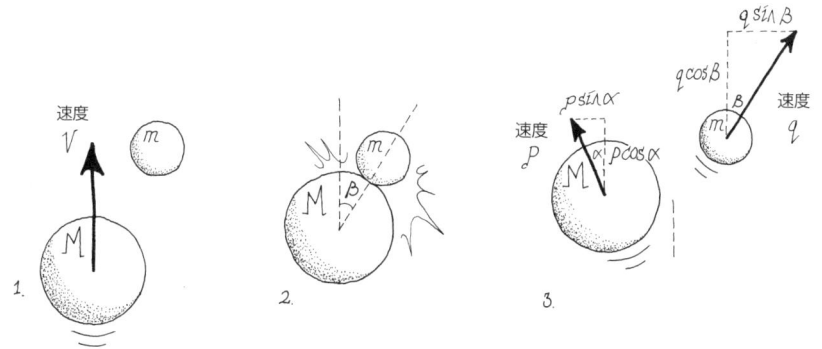

$$Mp\sin\alpha - mq\sin\beta = 0 \quad \text{(水平成分)}$$

$$Mp\cos\alpha + mq\cos\beta = MV \quad \text{(垂直成分)}$$

1.

2.

3.

力 = 運動量の変化率

軸を中心にして回転している物体の慣性モーメント I は、
$I = \Sigma mr^2 - \int r^2 \alpha m$ となる。

角加速度 α によって生じるトルクは、
$T = I\alpha$ である。

$I = Mk^2$
M は全質量、k は回転半径

回転と釣り合い
回転、歯車、滑車

　質量 m の物体に長さ r の糸を付け、中心点の周りを速度 v で回転させたとき、中心へ向かう向心力は

$$F = \frac{mv^2}{r} = m\omega^2 r \quad \text{になり、中心点へ向けて} \quad a = \frac{v^2}{r} = \omega^2 r$$

という加速度が与えられる（ω は角速度）。向心力は糸の張力と大きさが等しく、向きが逆である（張力も力として扱われる）。

　かみあっている2枚の歯車があり、それぞれ歯の数が t_1 と t_2、回転速度（単位は rpm など）が r_1 と r_2 であるとき、次の式が成り立つ。

$$t_1 r_1 = t_2 r_2 \quad \text{すなわち} \quad r_1 = \frac{t_2}{t_1} r_2 \text{、} \quad r_2 = \frac{t_1}{t_2} r_1$$

　この方程式は、ベルトで連結された2個の滑車の直径が t_1 と t_2、回転速度が r_1 と r_2 の場合にもあてはまる。

　右頁左下の絵のように、重さ w_1 と w_2 の物体が支点からの距離 d_1 と d_2 で釣り合っているとき、この2つの物体のトルクは等しくなる。トルクは力と半径方向距離によって生じる。

$$d_1 w_1 = d_2 w_2$$

　柄の長いスパナの方が柄の短いスパナより楽にナットを回せるのは、柄が長い方が大きなトルクを生み出せるからである。

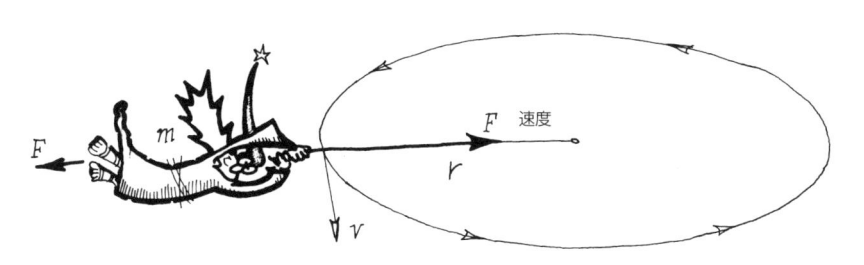

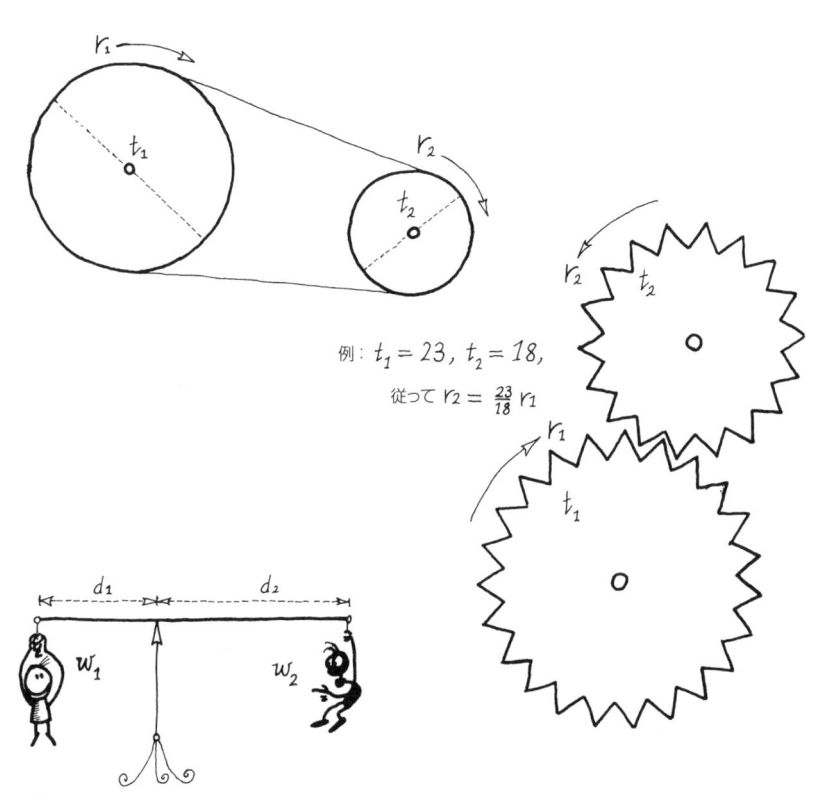

例: $t_1 = 23$, $t_2 = 18$,
従って $r_2 = \frac{23}{18} r_1$

単振動

振動と振り子運動

振り子が1往復する周期 T は振幅(中央と、そこから最も離れた位置との距離)には無関係である、という事実を発見したのはガリレオであった。長さ l の振り子は、振れ幅が広くても狭くても、毎秒 f 回往復する。この f つまり「毎秒何往復するか」を振動数という。

振り子の長さ l がメートル単位で与えられている場合、周期 T (単位は秒)は次の式で得られる。

$$T = 2\pi \sqrt{\frac{l}{g}} = \frac{1}{f}$$

g は万有引力定数(28頁)

5°未満の小さい振幅だと、振り子は近似的に単振動になる。水中から首を出して浮き沈みするビンや、伸び縮みするバネは単振動になるし、振動や振り子運動をする多くのものも単振動をする。そこでは位置エネルギーと運動エネルギーが絶えず交換を繰り返す。振動している物体の運動エネルギーと速度が最小になったときに位置エネルギーと加速度は最大になり、その逆もまた成立する。

単振動を得る簡単な方法は、等速円運動する点を軸に投影することである(右頁下の図)。これにより、次の式が得られる。

$$d(t) = a \sin \omega t$$

この式において、a は振幅、ω は角速度である。周期は $\frac{2\pi}{\omega}$ 秒/サイクル、振動数は周期の逆数つまり $\frac{\omega}{2\pi}$ サイクル/秒である。

振幅

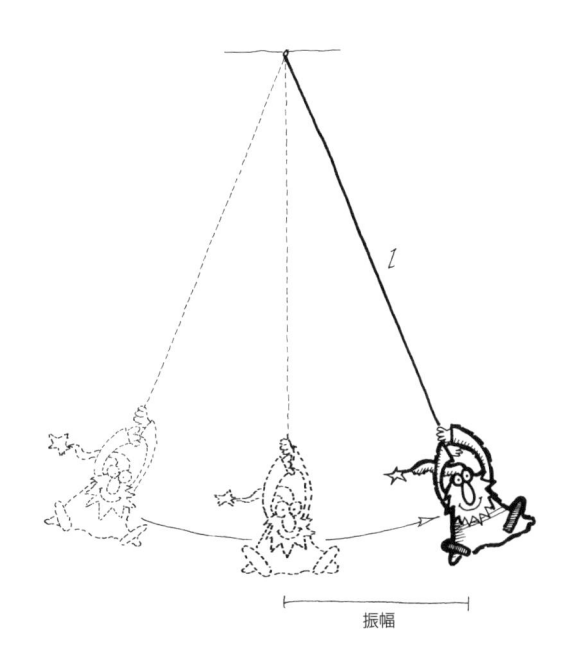

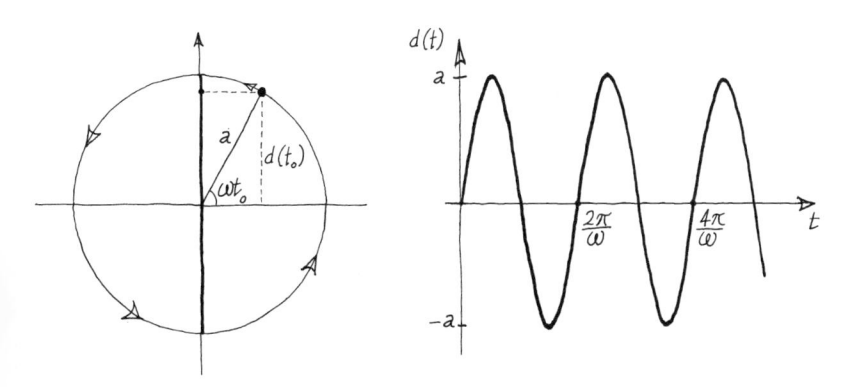

等速円運動を垂直軸に投影すると、正弦関数と直接関係した非等速の上下運動が現れる。

応力、ひずみ、熱
膨張、収縮、伸長、圧縮

ある素材を引き伸ばしたり押し潰したりすると、形が変わる。材料に加わる応力 σ は、単位面積 A あたりの力 F で表される。ひずみ ε は、元の長さ l_0 に対する長さの変化 Δl として定義される。単位ひずみあたりどれだけ応力が必要かの値であるヤング率 E は、次のようになる。

$$E = \frac{応力}{ひずみ} = \frac{\sigma}{\varepsilon} = \frac{F/A}{\Delta l/l_0}$$

物質には体積弾性率 K もあり、これは体積の圧縮率に反比例する。剛性率 G は剪断応力に対する変形率である(右頁)。

加熱と冷却は物質に膨張と収縮を起こさせる。この関係は、温度の上昇または下降に対して直線的になる。固体の線膨張率 α は、温度変化 ΔT に対する長さの変化 Δl と定義されるので、$\Delta l = \alpha l_0 \Delta T$ (l_0 は最初の長さ)となる。

フックの法則では、バネ(または同様に伸縮性のある物体)を平衡状態から距離 x だけ引き伸ばすと、元に戻ろうとする力 $F = kx$ が働く(k はそのバネのバネ定数)。そのため、垂直に吊したバネにおもりを下げると、おもりの重さに比例してバネが伸びる。

いかなる構造でも、平衡状態になっているときには各点に働く力の総和は釣り合っている(右頁)。

剪断応力 = 接線力/面積 = $\dfrac{F}{A}$

剪断ひずみ = tan(剪断角度 ϕ)

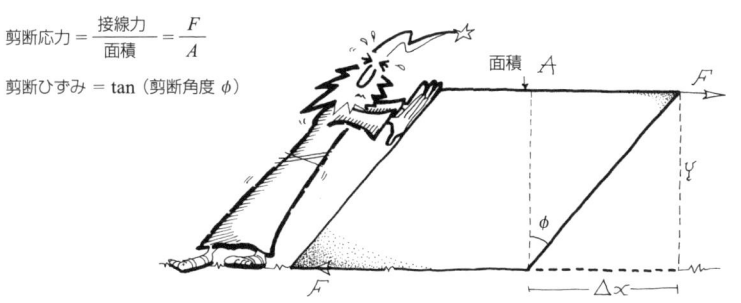

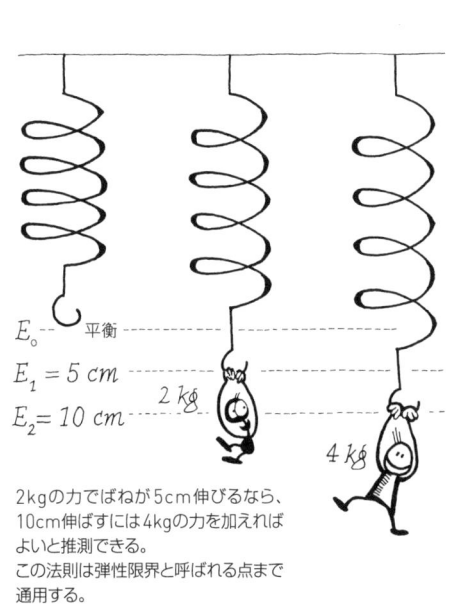

E_0 平衡
$E_1 = 5\ cm$
$E_2 = 10\ cm$

2kg

4kg

2kgの力でばねが5cm伸びるなら、
10cm伸ばすには4kgの力を加えれば
よいと推測できる。
この法則は弾性限界と呼ばれる点まで
通用する。

伸長　伸長　圧縮

各点において釣り合いの取れた
力の三角形が存在する。

液体と気体
温度、圧力、流れ

断面積が A である管の中を速度 v で流れている液体の流量 q は、$q = Av$ で求められる。

断面積が A_1, A_2 である2本の管に同一の圧力で液体を流したときの流速をそれぞれ v_1, v_2 とすると、$A_1 v_1 = A_2 v_2$ が成り立つ。

パスカルの原理は、どんな形の容器でも、閉じた状態でそこに満たされた液体にかかった圧力は全体に均等に伝えられるとする。その際の圧力は、単位面積あたりの力として定義される。右頁上の図の例では、$F_1 A_2 = F_2 A_1$ である。

ベルヌーイの定理は、液体の高さの変化が圧力の変化を生むことを示す。すなわち、$p_1 + h_1 \rho g = p_2 + h_2 \rho g$ である(右頁下の図)。

一方、気体については理想気体の法則があり、一定量の気体の圧力が P、体積が V、温度が T(単位:ケルビン)であれば、PV は T に比例する。ケルビン(K)は絶対温度の単位で、K = ℃ + 273.15(0 K = −273.15 ℃)である。

最初の圧力、体積、温度が P_1, V_1, T_1 である閉じた系があり、その圧力や温度が変化した後の状態を P_2, V_2, T_2 とすると、次の法則が成り立つ。

シャルルの法則(圧力は一定): $\dfrac{V_1}{V_2} = \dfrac{T_1}{T_2}$

ボイルの法則(温度は一定): $P_1 V_1 = P_2 V_2$

F_1

$F_2 = \dfrac{A_2}{A_1} F_1$

A_1

A_2

閉じた容器の中の液体に加えられた圧力は、全体に均等に伝わる。
これがパスカルの原理で、油圧システムの基本である。

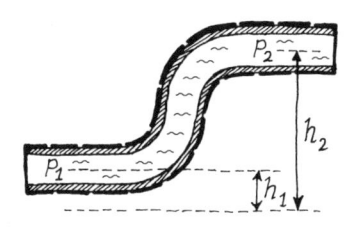

P_2

P_1

h_2

h_1

ρ は液体の平均密度で、質量／体積で与えられる。

メートル法の g/cm^3 を使うと、水の場合は $\rho = 1$ である。

g は重力定数。

音

調和波とドップラー効果

距離 L の2点の間に張った弦(右頁)において、この弦の調和波の波長は次の式で求められる。

$$\lambda_n = \frac{2L}{n} \quad (n = 1, 2, 3 \ldots)$$

このうち、人間の耳に聞こえるのは λ_1 とその最初の数個の倍音だけである。弦の波速を W_T、張力を T(単位は kg または lbs〈ポンド〉)、単位長さあたりの弦の質量を μ(kg または lbs)とすると、基準振動数 υ_n(サイクル/sec)は次の式で求められる。

$$\upsilon_n = \frac{W_T}{\lambda_n} = \frac{n}{2L} = \frac{n}{2L}\sqrt{\frac{T}{\mu}}$$

救急車のサイレンの音は、近づいてくるときと通り過ぎた後とで違って聞こえる。これがドップラー効果と呼ばれる現象である。振動数 f_s の音源が速度 v_s で移動しており、その音源に向かって観測者が速度 v_o で接近していて、波の速度が c であるとき、観測者に聞こえる音の振動数 f_o は次のようになる。

$$f_o = \left(\frac{c+v_o}{c-v_s}\right) f_s$$

注:観測者が音源に近づくのではなく遠ざかる場合は、v_o と v_s にマイナスの値を入れる。1気圧の乾燥空気中の音速は $331.5 + 0.61\,t$ m/sec(t は摂氏温度)である。

振動数が非常に近い2つの音(振動数を f_1 と f_2 とする)を同時に鳴らすと、うなりが聞こえる。うなりの振動数は $f_{beat} = (f_2 - f_1)$ である。

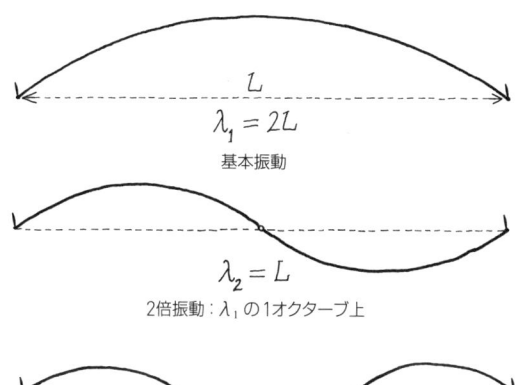

$$\lambda_1 = 2L$$

基本振動

$$\lambda_2 = L$$

2倍振動：λ_1の1オクターブ上

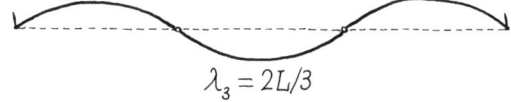

$$\lambda_3 = 2L/3$$

3倍振動：オクターブから音程にして5度上

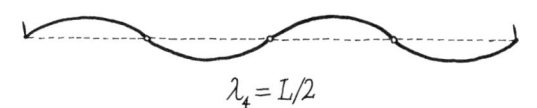

$$\lambda_4 = L/2$$

4倍振動：λ_1の2オクターブ上

ドップラー効果

音源が遠ざかると振動数が低くなる

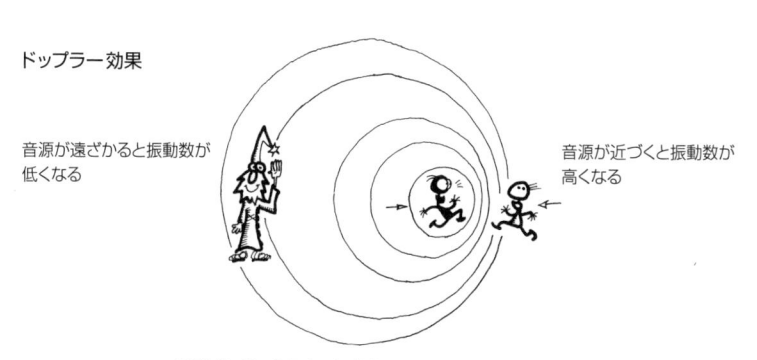

音源が近づくと振動数が高くなる

観測者に聞こえる音の振動数は、1秒間に届く波面の数。

光
屈折、レンズ、相対性

　光が空気中から水中に入ると、右頁上段左の図のように屈折する。2種類の媒質中で光が進む速度を v_1 と v_2 とすると、ある振動数の光に対して次のような屈折の法則(スネルの法則)が成り立つ。

$$\frac{v_1}{v_2} = \frac{\sin\theta_1}{\sin\theta_2} = 定数 \quad ないし \quad n_1\sin\theta_1 = n_2\sin\theta_2$$

ここで n_1 と n_2 はそれぞれの媒質の屈折率であり、振動数によりわずかに相違がある。役に立つ屈折率の数値をいくつかあげると、真空および空気：1、水：1.33、石英：1.45、クラウンガラス：1.52である。

　右頁中段で、さまざまなレンズを紹介してある。凸レンズと凹レンズの両方がある。凸レンズのひとつについて、焦点距離 f も示した。ガウスの結像公式では、物体とレンズと上下逆の焦点画像の距離は次のようになる。

$$\frac{1}{x_o} + \frac{1}{x_i} = \left(\frac{n_{レンズ}}{n_{媒質}} - 1\right)\left(\frac{1}{R_1} + \frac{1}{R_2}\right) = \frac{1}{f}$$

R_1 と R_2 はレンズの左面と右面の曲率半径で、凹面の場合はマイナスの値となる。

　可視光は電磁スペクトルの中のごく狭い範囲にすぎない。電磁スペクトルには可視光の他にX線、電波、マイクロ波などが含まれる。アインシュタインは、光の速度は観測者自身の移動速度とは無関係につねに一定であるという前提に基づき、時間をも引き延ばし遅くさせることが可能だという理論を導き出した。これは特殊相対性理論の一部を成している。

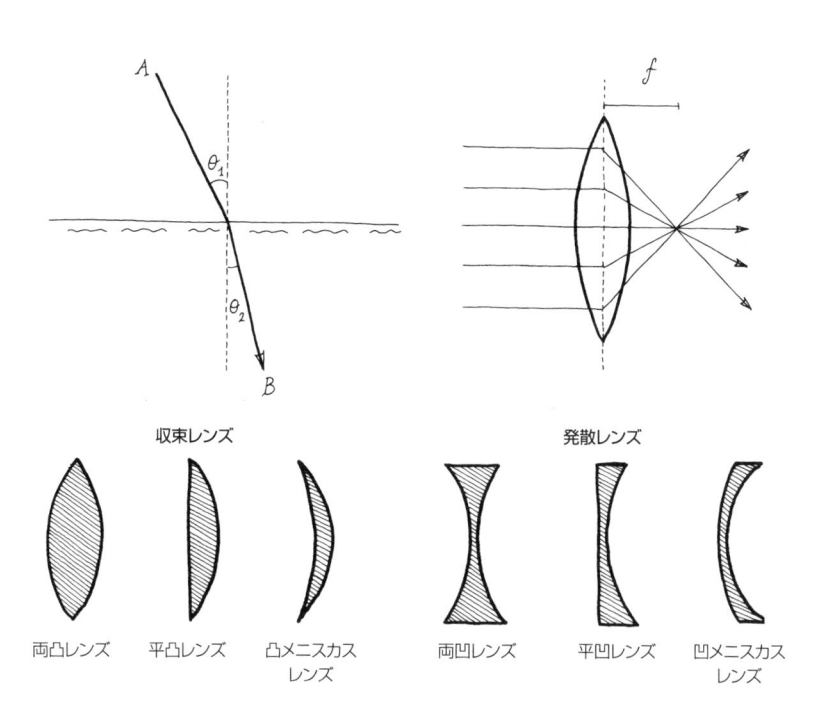

収束レンズ

両凸レンズ　平凸レンズ　凸メニスカスレンズ

発散レンズ

両凹レンズ　平凹レンズ　凹メニスカスレンズ

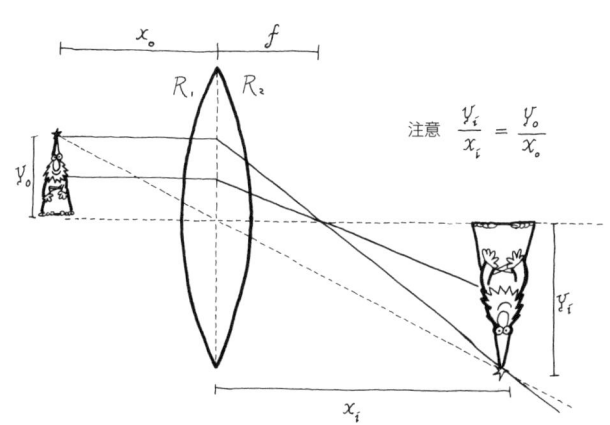

注意　$\dfrac{y_i}{x_i} = \dfrac{y_o}{x_o}$

電気と電荷

回路の共振

単純な電気回路では、抵抗 R(単位:オーム〈Ω〉)に対して電圧 E (ボルト)をかけると、オームの法則に従って $E = IR$ であるような電流 I (アンペア)が回路に流れる。このとき回路内の電力 P (ワット)は次のようになる。

$$P = EI = I^2R$$

抵抗器(レジスタ)を直列につなぐと、$R_s = R_1 + \cdots + R_n$ オームの抵抗が生じる。蓄電器(コンデンサ)を並列につなぐと、$C_p = C_1 + \cdots + C_n$ ファラドの静電容量が得られる。抵抗器を並列につなぎ、蓄電器を直列につなぐと、次の式のようになる。

$$R_p = \frac{1}{\frac{1}{R_1} + \cdots + \frac{1}{R_n}} \qquad C_s = \frac{1}{\frac{1}{C_1} + \cdots + \frac{1}{C_n}}$$

誘導子を含む回路における方程式は、右頁に記した。

あらゆる電気的効果は、電荷(単位:クーロン〈C〉)によって生じる。電子1個の電荷は -1.6×10^{-19} C である。クーロンの法則では、2個の点電荷 Q_1 と Q_2 の距離が r メートルであるとき、この2つの点電荷の間に働く力 F は次の式で表される。

$$F = \frac{Q_1 Q_2}{4\pi\varepsilon_0 r^2}$$

ε_0 は真空の誘電率で、8.85×10^{-12} ファラド/m である。ミクロな世界では、クーロン力が電子を原子核と結びつけて原子を形成し、原子と原子を結合させて分子を作り、分子同士を結合させて固体や液体にしている。

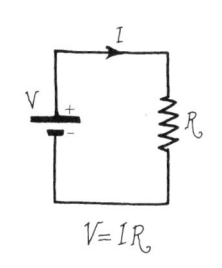

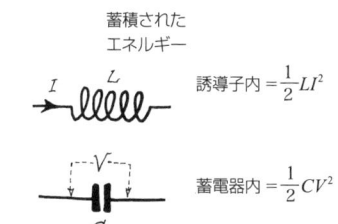

$$V = IR$$

蓄積された
エネルギー

誘導子内 $= \dfrac{1}{2}LI^2$

蓄電器内 $= \dfrac{1}{2}CV^2$

並列共振回路

同調振動数 $= \dfrac{1}{2\pi\sqrt{LC}}$

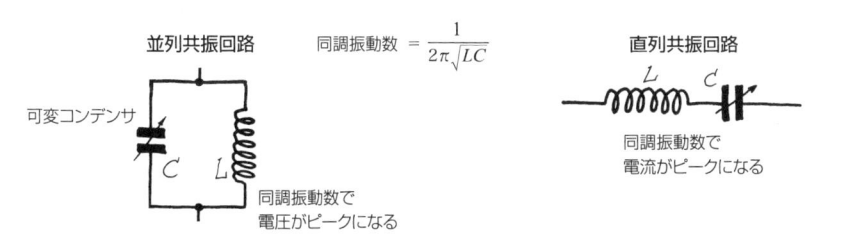

直列共振回路

可変コンデンサ

同調振動数で
電圧がピークになる

同調振動数で
電流がピークになる

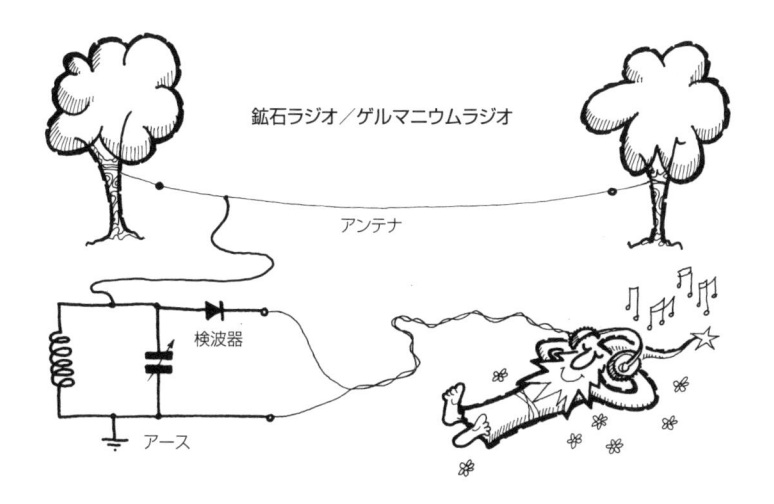

鉱石ラジオ／ゲルマニウムラジオ

アンテナ

検波器

アース

電磁場

電荷、磁束、フレミングの法則

　重力場と電磁場は類似性が高い。電磁場における電荷の挙動は重力場での質量の挙動によく似ている。強さ E の電場の中で電荷 Q が受ける力 F は、$F = EQ$ で与えられる。電流 I が流れている長さ l の導線が磁場の中にあるとき、導線に働く力 F は $F = BIl$ になる（B は磁束密度で単位はテスラ）。B と同様に F は磁場の中の各点で方向と強さを持つ。

　その他の場合は、右頁で説明してある。μ_0 は真空の透磁率で、磁気定数である（56頁参照）。

　速度 v で移動している点電荷 Q は、磁場を形成する。点 P が、Q からみて距離 r の位置にあり、進行方向に対する角度は θ であるとき、次の式が成立する（ビオ・サバールの法則）。

$$B = \left(\frac{\mu_0}{4\pi}\right) \frac{Qv\sin\theta}{r^2}$$

このときの B の方向は右頁左上に示してある。

　運動している磁場は電場を生み出し、その逆もまた真である——つまり、運動している点電荷は磁場を生み出す。電流の流れている導線コイルと磁石を用いると、電気エネルギーを力学的エネルギーに変換することができるし（電動機）、その逆（発電機）もできる。フレミングの左手と右手の法則は、それぞれ右頁の左下の図のようになる。

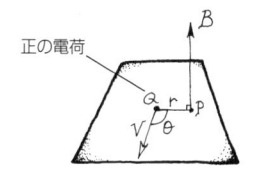

電流は正の電荷のモーメントの方向に流れる

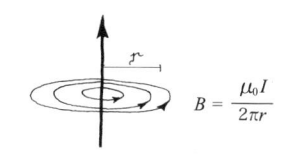

$$B = \frac{\mu_0 I}{2\pi r}$$

直線の導線から距離 r 離れた位置での磁場の強さ

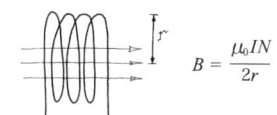

$$B = \frac{\mu_0 IN}{2r}$$

半径 r、巻き数 N のコイルの場合

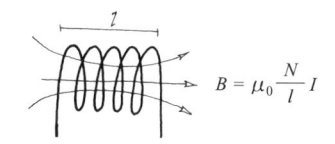

$$B = \mu_0 \frac{N}{l} I$$

長さ l あたりの巻き数 N の螺旋の場合

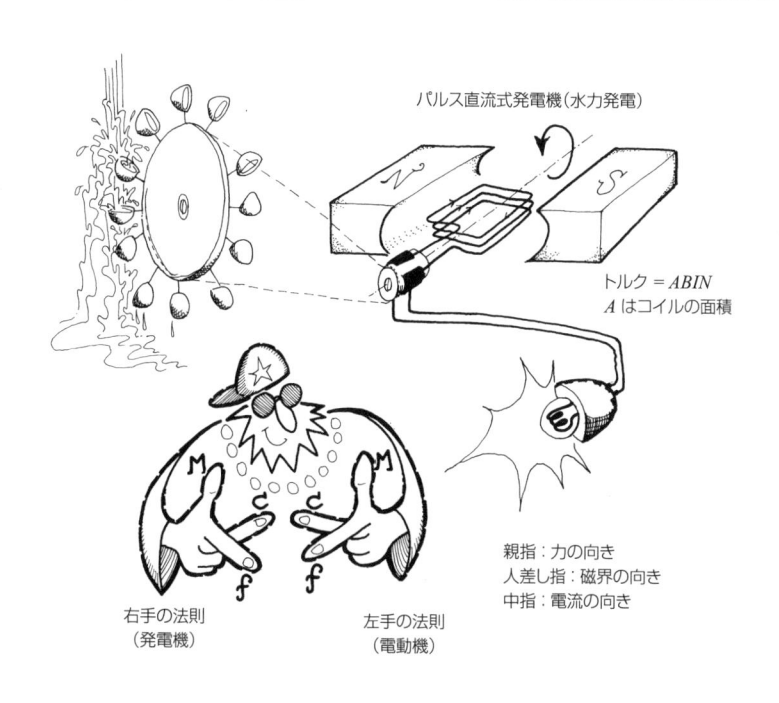

パルス直流式発電機(水力発電)

トルク $= ABIN$
A はコイルの面積

右手の法則
（発電機）

左手の法則
（電動機）

親指：力の向き
人差し指：磁界の向き
中指：電流の向き

微積分学

微分と積分

微積分学は、無限小と極限を用いて、ある関数の瞬間的な変化率と、曲線の下の正確な面積を求める学問である。

関数 $y = f(x)$ のグラフ上の、点 $(a, f(a))$ における接線の傾きは $f'(a)$ である。ここで、関数 $f'(x) = \frac{df}{dx}(x)$ は f の導関数と呼ばれる。それぞれの x に対し、$f'(x)$ は x における f の変化率を表す。a における導関数を直接計算するには、無限に小さい値 ε をとって $(a, f(a))$ と $(a+\varepsilon, f(a+\varepsilon))$ の2点を通る直線を考える。この値がある「極限」に近づくならば、a における f の変化率はその極限値として定義できる。

時間 t のときのある物体の位置を $x(t)$ とすると、t における速度 $v(t)$ は

$$x'(t) = \frac{dx}{dt}(t) となる。$$

t における速度の変化率である加速度 $a(t)$ は、次のようになる。

$$x''(t) = \frac{dv}{dt}(t) = \frac{d^2x}{dt^2}(t)$$

ある関数があり、a と b の間の区間でそのグラフと x 軸にはさまれた部分の面積を求めたいとする。a と b の間を、極めて多くの数に等分する。すると、極めて多くの細長い長方形ができる(右頁上)。それらの長方形の面積の合計を求めることは難しくない(ただ、手間はかかる)。求めたい部分の面積は、これら長方形の面積の合計の極限値であり、$\int_a^b f(x)dx$ と書かれる。ところが、ここで $F(x)$ が $F'(x) = f(x)$ を満たすならば、$\int_a^b f(x)dx = F(b) - F(a)$ が成り立つ。この $F(x)$ は f の不定積分または原始関数と呼ばれ、$\int f dx$ と記される。$(F(x) + c)' = F'(x)$ であるので、右頁下に記した不定積分はすべて任意定数を持つ。

微分（導関数を導く）

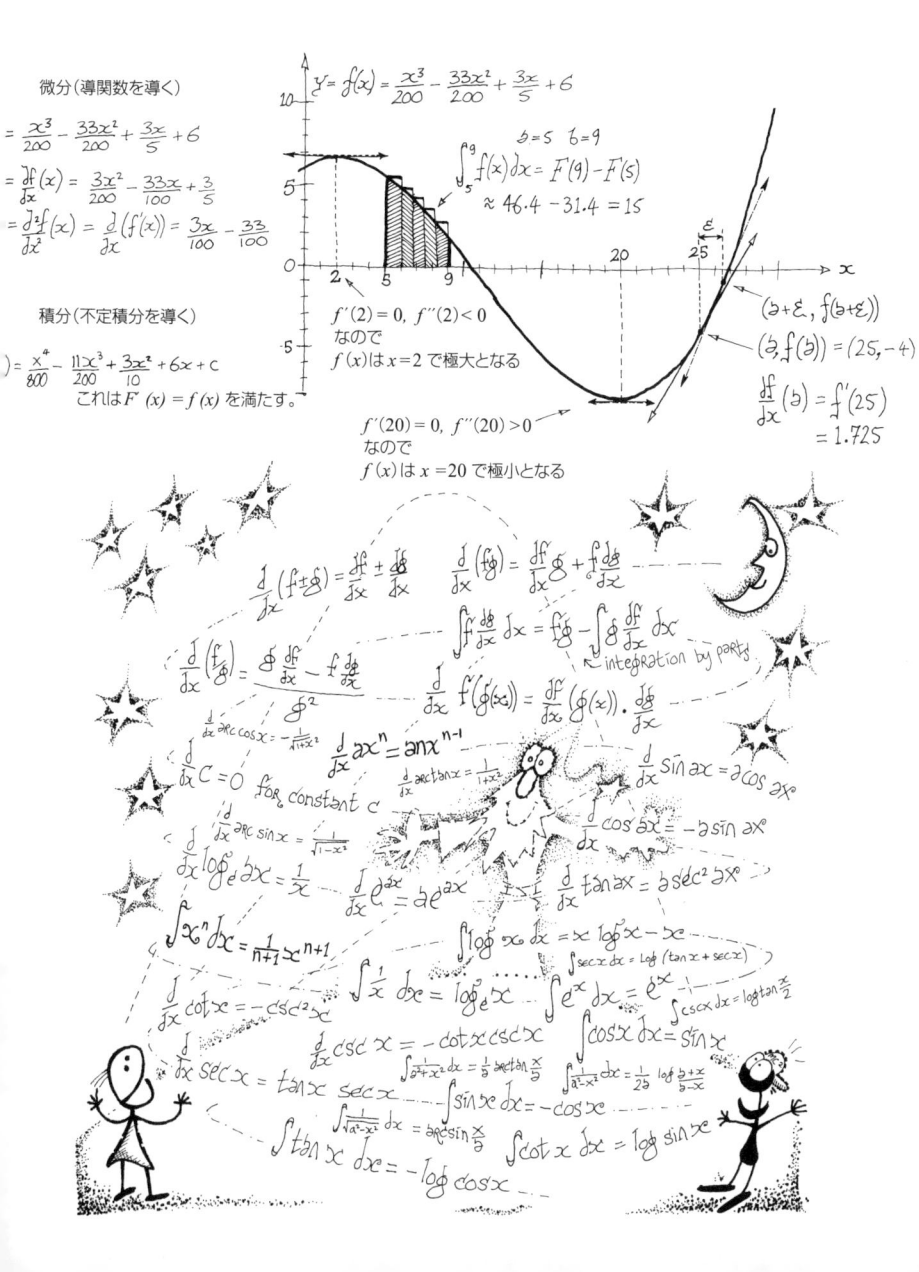

$= \dfrac{x^3}{200} - \dfrac{33x^2}{200} + \dfrac{3x}{5} + 6$

$= \dfrac{df}{dx}(x) = \dfrac{3x^2}{200} - \dfrac{33x}{100} + \dfrac{3}{5}$

$= \dfrac{d^2f}{dx^2}(x) = \dfrac{d}{dx}(f'(x)) = \dfrac{3x}{100} - \dfrac{33}{100}$

$y = f(x) = \dfrac{x^3}{200} - \dfrac{33x^2}{200} + \dfrac{3x}{5} + 6$

$a=5 \quad b=9$

$\int_5^9 f(x)\,dx = F(9) - F(5)$
$\approx 46.4 - 31.4 = 15$

$(a+\varepsilon, f(a+\varepsilon))$

$(a, f(a)) = (25, -4)$

$\dfrac{df}{dx}(a) = f'(25) = 1.725$

$f'(2) = 0,\ f''(2) < 0$
なので
$f(x)$ は $x=2$ で極大となる

$f'(20) = 0,\ f''(20) > 0$
なので
$f(x)$ は $x=20$ で極小となる

積分（不定積分を導く）

$) = \dfrac{x^4}{800} - \dfrac{11x^3}{200} + \dfrac{3x^2}{10} + 6x + c$

これは $F'(x) = f(x)$ を満たす。

$\dfrac{d}{dx}(f \pm g) = \dfrac{df}{dx} \pm \dfrac{dg}{dx} \qquad \dfrac{d}{dx}(fg) = \dfrac{df}{dx}g + f\dfrac{dg}{dx}$

$\dfrac{d}{dx}\left(\dfrac{f}{g}\right) = \dfrac{g\dfrac{df}{dx} - f\dfrac{dg}{dx}}{g^2} \qquad \int f \dfrac{dg}{dx} dx = fg - \int g \dfrac{df}{dx} dx$ ← integration by parts

$\dfrac{d}{dx} f(g(x)) = \dfrac{df}{dx}(g(x)) \cdot \dfrac{dg}{dx}$

$\dfrac{d}{dx} \arccos x = -\dfrac{1}{\sqrt{1-x^2}} \qquad \dfrac{d}{dx} ax^n = anx^{n-1}$

$\dfrac{d}{dx} C = 0$ for constant c

$\dfrac{d}{dx} \arctan x = \dfrac{1}{1+x^2} \qquad \dfrac{d}{dx}\sin ax = a\cos ax$

$\dfrac{d}{dx} \arcsin x = \dfrac{1}{\sqrt{1-x^2}} \qquad \dfrac{d}{dx}\cos ax = -a\sin ax$

$\dfrac{d}{dx} \log_e ax = \dfrac{1}{x} \qquad \dfrac{d}{dx} e^{ax} = ae^{ax} \qquad \dfrac{d}{dx}\tan ax = a\sec^2 ax$

$\int x^n dx = \dfrac{1}{n+1} x^{n+1} \qquad \int \log_e x\, dx = x\log_e x - x$

$\dfrac{d}{dx}\cot x = -\csc^2 x \qquad \int \dfrac{1}{x} dx = \log_e x \qquad \int e^x dx = e^x \qquad \int \sec x\, dx = \log(\tan x + \sec x)$

$\dfrac{d}{dx}\csc x = -\cot x \csc x \qquad \int \cos x\, dx = \sin x \qquad \int \csc x\, dx = \log \tan \dfrac{x}{2}$

$\dfrac{d}{dx}\sec x = \tan x \sec x \qquad \int \dfrac{1}{a^2+x^2} dx = \dfrac{1}{a}\arctan \dfrac{x}{a} \qquad \int \dfrac{1}{\sqrt{a^2-x^2}} dx = \dfrac{1}{2a}\log \dfrac{a+x}{a-x}$

$\int \sin x\, dx = -\cos x$

$\int \dfrac{1}{\sqrt{a^2-x^2}} dx = \arcsin \dfrac{x}{a}$

$\int \tan x\, dx = -\log \cos x \qquad \int \cot x\, dx = \log \sin x$

複素数

虚数の世界

われわれになじみのある実数は、複素数という広い領域の一部である。複素数は、虚数単位を使って組み立てられる。虚数単位は i と書かれ、(実数とは違って)次のような条件を満たす。

$$i^2 = -1 \qquad i = \sqrt{-1}$$

2つの実数 a と b があるとき、$a + bi$ と表される数を複素数という。

$a + bi = c + di$ が成り立つのは $a = c$ かつ $b = d$ の場合に限る。

$$(a + bi) + (c + di) = (a + c) + (b + d)i$$

$$(a + bi)(c + di) = (ac - bd) + (ad + bc)i$$

$$\frac{a + bi}{c + di} = \frac{ac + bd}{c^2 + d^2} + \frac{bc - ad}{c^2 + d^2}i$$

極座標表示では角度 θ と半径 r を使い、次のように表す。

$$z = r\cos\theta + ir\sin\theta = r(\cos\theta + i\sin\theta)$$

指数関数 e^x はオイラー方程式を使うと複素平面に拡張することができる。

$$e^{i\theta} = \cos\theta + i\sin\theta$$

ここから、数学の世界の珠玉の逸品である $e^{i\pi} = -1$ と、複素数 z の累乗に関するド・モアブルの定理が導かれる。

$$z^n = (re^{i\theta})^n = r^n e^{in\theta} = r^n(\cos n\theta + i\sin n\theta)$$

$$-5\ -4\ -3\ -2\ -1\ \ 0\ \ 1\ \ 2\ \ 3\ \ 4\ \ 5$$

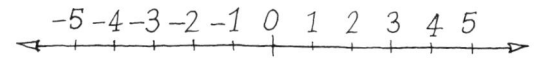

実数の数直線には、正と負の整数が含まれるだけでなく、正と負のすべての有理数、さらに $\sqrt{2}$ や π といった無理数も含まれる。

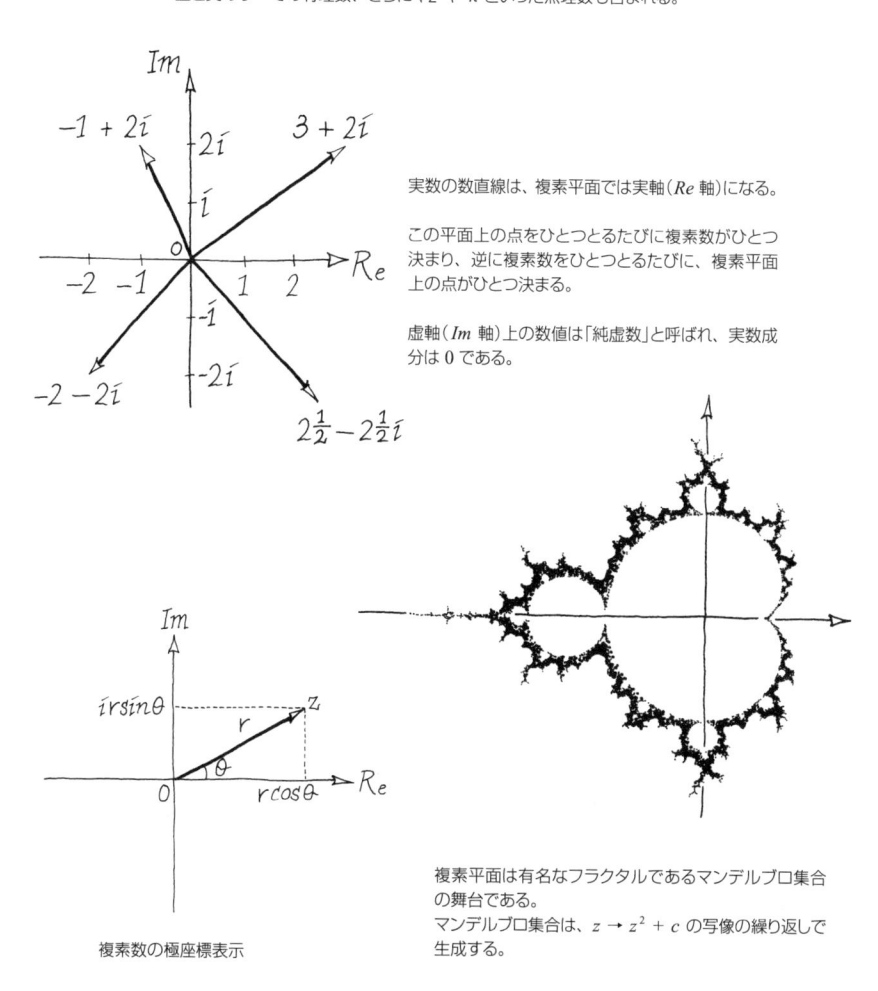

実数の数直線は、複素平面では実軸(Re 軸)になる。

この平面上の点をひとつとるたびに複素数がひとつ決まり、逆に複素数をひとつとるたびに、複素平面上の点がひとつ決まる。

虚軸(Im 軸)上の数値は「純虚数」と呼ばれ、実数成分は 0 である。

複素数の極座標表示

複素平面は有名なフラクタルであるマンデルブロ集合の舞台である。
マンデルブロ集合は、$z \to z^2 + c$ の写像の繰り返しで生成する。

高次元
結び目を越えた先

　二次元平面の幾何学図形は、類推によって比較的簡単に三次元へと拡張できる。円と球はそのわかりやすい例である(8頁参照)。このプロセスをさらにその先まで続けて、四次元、五次元、あるいはそれ以上の次元の「超球」を考えることも可能である(ただし、視覚的イメージは描けない)。

　一般に、n 次元空間は $(x_1, x_2, \cdots, x_n)$ で表される座標の集合として与えられる。高次での距離、角度その他の量は、類推によって定義される。

　アインシュタインは時空間の物理学を構築するために4つの次元を使い、現代の宇宙学者は特定の場合に十次元以上の次元モデルを利用している。ただし、n 次元空間を定義し研究する際には、物理的な空間、時間といった感知可能な形で解釈する必要はない。

　一部の整数 n は、n次元空間内で独特の幾何学的特性を示す。そのわかりやすい例として、三次元空間でのみ「結び目」(空間への円の「埋め込み」)ができるということがあげられる。それ以外の次元では円の埋め込みは必ず「結ばれていない」状態になる。同様に、エキゾチック微分構造と呼ばれる特殊な数学的構造は、四次元でのみ存在しうる。

　とはいえ、それはもうこの本の守備範囲外である!

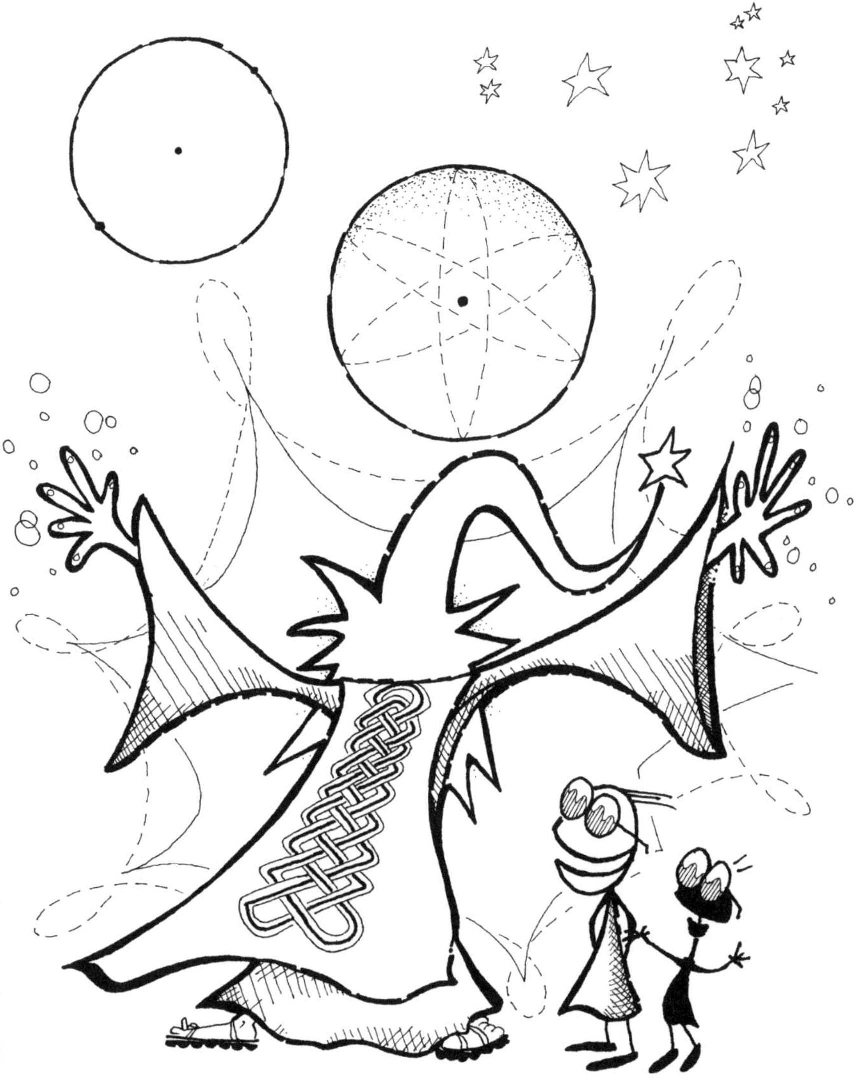

用語解説

>	より大きい	≥	以上	≠	等しくない
<	より小さい	≤	以下	≈	近似的に等しい

・a と b の乗法(掛け算)は、$a \times b$、$a \cdot b$、あるいは ab と書くことができる。除法(割り算)は、$a \div b$ よりは、$\frac{a}{b}$ あるいは a/b と書くことが多い。

・負の数: $(-a) + b = b - a$ $(-a) + (-b) = -(a+b)$
$(-a)(b) = (a)(-b) = -ab$ $(-a)(-b) = ab$

・a の累乗の指数は、$a^3 = a \times a \times a$ のように定義される。マイナスの累乗や分数の累乗を定義できる。たとえば、$x^{-2} = \frac{1}{x^2}$ と $x^{1/2} = \sqrt{x}$ になる。
$\sqrt{x}$ は x の正の平方根で、$(\sqrt{x})^2 = x$ を満たす数である。

・弧とは円周の一部分で、度またはラジアンという単位で表される。

・度は角度を表す単位で、1度は円の中心角の360分の1である。

・逆三角関数 arcsin, arccos, arctan ($\sin^{-1}, \cos^{-1}, \tan^{-1}$ とも書く)は、$\sin\theta = x$ のとき $\arcsin(x) = \theta$ を満たす。

・関数 f は、その定義域の各数 x に対して $f(x)$ という値をとる。

・直線の傾きは、±(傾斜の大きさ)でその直線の垂直方向の変化量を水平方向の変化量で割った値に等しい。水平な直線の傾きはゼロであり、垂直な直線の傾きは定義されない。

・関数 f のグラフは、$(x, f(x))$ の表す点を座標平面上に描き込んでいったものである。

・x と y の線形関係は、$y = ax + b$ と書ける。

・平行四辺形は、2組の対辺がいずれも平行になっている四角形である。

・周期的現象の周期は、ひとつのサイクルを終えるのに要する時間をさす。

・多角形とは、閉じた多辺形である。正多角形は、各辺の長さが等しく、かつ隣接する辺のなす角がすべて等しい多角形である。

・四角形は、4つの辺を持つ閉じた平面図形である。

・台形は、1組の対辺が平行な四角形である。

・ラジアンは幾何学的に重要な意味を持つ角度の単位で、円周上でその円の半径と同じ長さの弧を切り取る2本の半径がなす角をさす。$(360/2\pi)° \approx 57.296°$ が1ラジアンである。

・物体の加速度とは単位時間あたりの速度の変化率であり、m/sec^2 などの単位で表される。

・角速度は単位時間あたりの角度の変化として定義される。

・蓄電器（コンデンサ）は、電荷を蓄える電子部品である。

・電荷とは物質に備わった特性のひとつで、あらゆる電気的現象は電荷によって起こる。プラス（正）またはマイナス（負）の電荷がある。電荷の単位はクーロン。

・定数とは、決まった大きさの数である。物理定数には単位があるが、eやπのような数学定数には単位がない。

・電流は、導体中での電荷の流れである。

・平衡とは、関係するすべての力が互いに打ち消し合っている安定状態のことである。

・場とは、空間内において、測定可能なある量の影響を受ける範囲をさす。場は空間内の各点において「値」を持つ（方向を持つ場合もある）。

・力とは、動的な影響のことで、運動や静止の状態を生み出したり、それらの状態を変化させたりしうる。

・周期的現象の振動数とは、単位時間あたりにその現象サイクルが起こる回数である。振動数の逆数は周期である。

・誘導子とは、電流を磁気に変換するコイルである。

・物体の質量は、その物体の重さに関係した物体固有の量の大きさである。

・圧力は単位面積あたりの力であり、kg/cm^2 や lb/in^2 などの単位で表される。

・抵抗器は、電流の流れを制限する電子部品である。

・伸長とその反対概念である圧縮は、ともに力として測定される。

・単位とは、測定可能な量を表す際に使われる標準的な量である。単位は一貫性をもって使われなければならない。例えば加速度を m/sec^2 で表すなら、関係したすべての距離はメートルで測定し、時間は秒で表示しなければならない。

・変数は、変化する量あるいは未知の量を表す記号である。

・物体の速度とは、単位時間あたりの位置の変化率である。

・電圧とは、起電力つまり電流を生じさせる原因となる力である。

・物体の重さとは、その物体の質量が重力加速度を受けて生む力のことである。質量は重さとして経験される。

・波とは、媒質の中を伝播する振動である。波の周期は波長と呼ばれる。

定数と単位

数学の定数

$\pi = 3.14159265358979...$ $e = 2.718281828459045...$

$\sqrt{2} = 1.414213562373095...$ $\sqrt{\pi} = 1.7724538500905516...$

物理の定数

真空中の光速	c	2.997925×10^8 ms^{-1}
真空の透磁率	μ_0	$4\pi \times 10^{-7}$ Hm^{-1}
真空の誘電率	ε_0	8.8542×10^{-12} Fm^{-1}
陽子質量	m_p	1.6726×10^{-27} kg
中性子質量	m_n	1.6749×10^{-27} kg
電子質量	m_e	9.1094×10^{-31} kg
陽子あるいは電子の電荷	e	1.6022×10^{-19} C
0℃の乾燥空気中での音速	C	331.45 ms^{-1}, 1087.4 feet s^{-1}
20℃の水中での音速		1470 ms^{-1}, 4823 feet s^{-1}
万有引力定数	G	6.6726×10^{-11} Nm^2 kg^{-2}
地球上での重力加速度	g	9.80665 ms^{-2}, 32.174 feet s^{-2}
アボガドロ定数	N_A	6.022169×10^{23} mol^{-1}
ボルツマン定数	k	1.381×10^{-23} JK^{-1}
プランク定数	h	6.6022×10^{-34} Js
シュテファン＝ボルツマン定数	s	5.670×10^{-8} Wm^{-2} K^{-4}

物理量	量を表す記号	SI単位系の名称	単位の記号	直接的定義	基本単位の定義	質量 M 長さ L 時間 T 電流 I
周波数	f	ヘルツ	Hz	s^{-1}	s^{-1}	T^{-1}
力	$\boldsymbol{F}$	ニュートン	N	$kgms^{-2}$	$kgms^{-2}$	MLT^{-2}
エネルギー	W	ジュール	J	Nm	kgm^2s^{-2}	ML^2T^{-2}
仕事率·電力	P	ワット	W	Js^{-1}	kgm^2s^{-3}	ML^2T^{-3}
圧力	p	パスカル	Pa	Nm^{-2}	$kgm^{-1}s^{-2}$	$ML^{-1}T^{-2}$
電荷	Q	クーロン	C	As	As	TI
電圧	V	ボルト	V	JC^{-1}	$kgm^2s^{-3}A^{-1}$	$ML^2T^{-3}I^{-1}$
静電容量	C	ファラド	F	CV^{-1}	$A^2s^4kg^{-1}m^{-2}$	$M^{-1}L^{-2}T^4I^2$
抵抗	R	オーム	Ω	VA^{-1}	$kgm^2s^{-3}A^{-2}$	$ML^2T^{-3}I^{-2}$
コンダクタンス (電気伝導力)	G	ジーメンス	S	$Ω^{-1}$	$kg^{-1}m^{-2}s^3A^2$	$M^{-1}L^{-2}T^3I^2$
磁束密度	$\boldsymbol{B}$	テスラ	T	$NA^{-1}m^{-1}$	$kgs^{-2}A^{-1}$	$MT^{-2}I^{-1}$
磁束	$\varPhi$	ウェーバ	Wb	Tm^2	$kgm^2s^{-2}A^{-1}$	$ML^2T^{-2}I^{-1}$
インダクタンス	L	ヘンリー	H	$VA^{-1}s$	$kgm^2s^{-2}A^{-2}$	$ML^2T^{-2}I^{-2}$

度量衡

アメリカの度量衡

1ヤード = 3フィート = 36インチ
1ハロン = 220ヤード = 660フィート
1海里 = 6080フィート
1ポンド = 16オンス
1ハンドレッドウェイト = 100ポンド
1パイント = 4ジル = 16液量オンス
1尋 = 2ヤード = 6フィート
1マイル = 1760ヤード = 5280フィート
1エーカー = 4840平方ヤード
1ストーン = 14ポンド
1ショートトン = 2000ポンド
1ガロン = 231立方インチ

アメリカ単位のメートル法換算

1インチ = 2.54000 cm
1フィート = 0.304800 m
1マイル = 1.60934 km
1オンス = 28.3495 g
1 ポンド = 0.45359237 kg
1ショートトン = 907.184 kg
1ガロン = 3.785412 リットル
1乾量ガロン = 4.404884 リットル
1ブッシェル = 35.2391リットル
1エーカー = 0.404687ヘクタール
1立方インチ = 16.3871 cm^3
華氏(温度) = 9/5℃ + 32
1馬力 = 0.7457キロワット
1ポンド／平方インチ = 0.06793気圧
1フィート重量ポンド = 1.355ジュール

一般的計量

絶対温度 K = ℃ + 273.15
1バール = 10^5 ニュートン／m^2

1ジュール = 0.2389カロリー
1気圧 = 101325ニュートン／m^2

メートル法のアメリカ単位への換算

1cm = 0.393701インチ
1 m = 3.280842フィート
1 km = 0.621371マイル
1 g = 0.0352740オンス
1 kg = 2.204623ポンド
1メートルトン = 1.10231ショートトン
1リットル = 0.264172ガロン
1リットル = 0.227021乾量ガロン
1リットル = 0.028378 ブッシェル
1ヘクタール = 2.47105エーカー
1 cm^3 = 0.0610237立方インチ
摂氏(温度) = 5/9 (華氏温度 −32)
1キロワット = 1.3410馬力
1気圧 = 14.72ポンド／平方インチ
1ジュール = 0.738フィート重量ポンド

イギリス帝国単位(B.I.)とアメリカ標準単位(U.S.)の違い

1 B.I. ハンドレッドウェイト = 112ポンド
1 B.I. トン(ロングトン)
　　　 = 1.12 U.S.トン(ショートトン)
1 B.I. ガロン = 4.54609リットル
1 B.I. ガロン = 1.20095 U.S.ガロン
1 B.I. ブッシェル = 36.369リットル
1 B.I. ブッシェル
　　　 = 1.0321 U.S.ブッシェル
1 B.I. トン(ロングトン) = 2.240ポンド
1 B.I. トン(ロングトン) = 1.016047 kg
1 リットル = 0.219969 B.I. ガロン
1 U.S. ガロン = 0.83267 B.I. ガロン
1 リットル = 0.027496 B.I. ブッシェル
1 U.S. ブッシェル
　　　 = 0.9689 B.I. ブッシェル

大きな数や小さな数を表すための接頭辞

10^3=キロ、10^6=メガ、10^9=ギガ、
10^{12}=テラ、10^{15}=ペタ、10^{18}=エクサ、

10^{-3}=ミリ、10^{-6}=マイクロ、10^{-9}=ナノ、
10^{-12}=ピコ、10^{-15}=フェムト、10^{-18}=アト

展開、その他

$$e^x = 1 + x + \frac{x^2}{2!} + \frac{x^3}{3!} + \frac{x^4}{4!} + \cdots, \text{したがって} \quad e = 1 + 1 + \frac{1}{2!} + \frac{1}{3!} + \frac{1}{4!} \cdots$$

$$\log(1+x) = x - \frac{x^2}{2} + \frac{x^3}{3} - \frac{x^4}{4} + \cdots \quad (-1 < x < 1)$$

$$\sqrt{2} = 1 + \cfrac{1}{2 + \cfrac{1}{2 + \cfrac{1}{2 + \cfrac{1}{2 + \cfrac{1}{2 + \cdots}}}}}$$

$$e = 2 + \cfrac{1}{1 + \cfrac{1}{2 + \cfrac{1}{1 + \cfrac{1}{1 + \cfrac{1}{4 + \cfrac{1}{1 + \cfrac{1}{1 + \cfrac{1}{6 + \cdots}}}}}}}}$$

$$\sqrt{3} = 1 + \cfrac{1}{1 + \cfrac{1}{2 + \cfrac{1}{1 + \cfrac{1}{2 + \cfrac{1}{1 + \cdots}}}}}$$

$$\phi = 1 + \cfrac{1}{1 + \cfrac{1}{1 + \cfrac{1}{1 + \cfrac{1}{1 + \cdots}}}}$$

$$\pi = 3 + \cfrac{1^2}{6 + \cfrac{3^2}{6 + \cfrac{5^2}{6 + \cfrac{7^2}{6 + \cfrac{9^2}{6 + \cfrac{11^2}{6 + \cdots}}}}}}$$

$$\frac{1}{1-x} = 1 + x + x^2 + x^3 + x^4 + \cdots \quad (-1 < x < 1)$$

$$\pi = 4\left(\frac{1}{1} - \frac{1}{3} + \frac{1}{5} - \frac{1}{7} + \frac{1}{9} - \cdots\right)$$

$$\arcsin x = x + \frac{1}{2}\frac{x^3}{3} + \frac{1}{2}\frac{3}{4}\frac{x^5}{5} + \frac{1}{2}\frac{3}{4}\frac{5}{6}\frac{x^7}{7} + \cdots \text{ ラジアン}$$

$$\sin x = x - \frac{x^3}{3!} + \frac{x^5}{5!} - \frac{x^7}{7!} + \cdots,$$

$$\cos x = 1 - \frac{x^2}{2!} + \frac{x^4}{4!} - \frac{x^6}{6!} + \cdots \quad (x \text{ はラジアン})$$

テーラー展開: $f(x) = f(x-a) + af'(x-a) + \dfrac{a^2}{2!}f''(x-a) + \dfrac{a^3}{3!}f'''(x-a) + \cdots$

マクローリン展開: $f(x) = f(0) + xf'(0) + \dfrac{x^2}{2!}f''(0) + \dfrac{x^3}{3!}f'''(0) + \cdots$

分数:
$$\dfrac{a}{b} + \dfrac{c}{d} = \dfrac{ad+bc}{bd} \qquad \dfrac{a}{b} - \dfrac{c}{d} = \dfrac{ad-bc}{bd}$$

$$\dfrac{a}{b} \times \dfrac{c}{d} = \dfrac{ac}{bd} \qquad \dfrac{a}{b} \div \dfrac{c}{d} = \dfrac{ad}{bc}$$

"$\tan\dfrac{1}{2}$" の公式: $t = \tan\dfrac{1}{2}\theta$ ならば、

$$\sin\theta = \dfrac{2t}{1+t^2} \qquad \cos\theta = \dfrac{1-t^2}{1+t^2} \qquad \tan\theta = \dfrac{2t}{1-t^2}$$

リーマン・ゼータ関数:「まったくシンプルだというのに、現代数学で最も挑戦のしがいがあり、ミステリアスなるもの」── M. C. グッツヴィラー

$$\zeta(x) = 1 + \dfrac{1}{2^x} + \dfrac{1}{3^x} + \dfrac{1}{4^x} + \cdots = \left(\dfrac{1}{1-\frac{1}{2^x}}\right)\left(\dfrac{1}{1-\frac{1}{3^x}}\right)\left(\dfrac{1}{1-\frac{1}{5^x}}\right)\cdots\left(\dfrac{1}{1-\frac{1}{p_k^x}}\right)\cdots \quad (x > 1)$$

p_k は k 番目の素数

著者 ● マシュー・ワトキンス
数学者。数学にかんする著書多数。

訳者 ● 駒田 曜（こまだ よう）
翻訳家。
主な訳書に『シンメトリー』『錯視芸術』『幾何学の不思議』『プラトンとアルキメデスの立体』『Q.E.D.』（本シリーズ）など。

公式の世界 数学と物理の重要公式150

2010年11月10日第1版第1刷発行
2018年 1 月30日第1版第6刷発行

著 者	マシュー・ワトキンス
訳 者	駒田曜
発行者	矢部敬一

発行所　株式会社 創元社
　　　　http://www.sogensha.co.jp/

本　社　〒541-0047 大阪市中央区淡路町4-3-6
　　　　Tel.06-6231-9010　Fax.06-6233-3111
東京支店
　　　　〒162-0825 東京都新宿区神楽坂4-3 煉瓦塔ビル
　　　　Tel.03-3269-1051
印刷所　図書印刷株式会社
装　丁　WOODEN BOOKS／相馬光（スタジオピカレスク）

©2010 Printed in Japan
ISBN978-4-422-21482-5 C0340

〈検印廃止〉落丁・乱丁のときはお取り替えいたします。

JCOPY 〈出版者著作権管理機構 委託出版物〉
本書の無断複写は著作権法上での例外を除き禁じられています。複写される場合は、そのつど事前に、出版者著作権管理機構（電話 03-3513-6969、FAX 03-3513-6979、e-mail: info@jcopy.or.jp）の許諾を得てください。